どうしていなくなるの？

希少生物のきもち

大島健夫 著

メイツ出版

もくじ

レッドリストとレッドデータブック

それぞれのいきものの説明欄にある「絶滅危惧○類」といった表記は、環境省のレッドリストにおけるランクです。レッドリストとは絶滅のおそれのある野生生物のリストで、IUCN（国際自然保護連合）、環境省、地方自治体などが発行しています。その保全状況や生息状況などを書いた図書をレッドデータブックといいます。

絶滅危惧ⅠA類（CR）

コウノトリ

Ciconia boyciana

コウノトリ目コウノトリ科

全長：110～115cm

極東地域に分布する大型の水鳥。河川、湖沼、湿地、水田などで様々な小動物を捕食し、樹上で営巣する。かつては日本全国に留鳥として生息していたが、明治時代以降、個体数は減少の一途を辿り、国内での繁殖記録は1964年の福井県での事例が最後であり、いったん絶滅した。一方、野生個体を捕獲して繁殖・野生復帰を目指す取り組み、飼育下での保護増殖の取り組みは同じ兵庫県豊岡市で続き、1985年には旧ソビエト連邦から譲り受けた個体からヒナが誕生した。2005年、豊岡市で放鳥が始まり、2007年、43年ぶりに国内で野生のヒナが誕生し、巣立った。現在では200羽を越える個体が野外に生息している。国指定特別天然記念物。

コウノトリ × 大島

ある夜、玄関のチャイムが鳴りました。ドアを開けると、そこにはコウノトリが立っていたのです。

――　あら、どうしたの。何をビビってるの？

コウノトリ　……わわっ！

――　あんたね、玄関開けたらコウノトリが立ってたら、誰だってビックリするでしょ。

コウノトリ　じゃ、こっそり入って枕元に立ったりした方が良かった？

――　怖いからやめて！　とにかく中に入ってよ。すごい目立つから。

コウノトリ　あ、大島さんって人の目とか気にするタイプなのね。わりと世間体に左右される感じ？

――　いちいちうるさいなあ。何しに来たんだよ。

コウノトリ　それなのよ。大島さんさ、前に外来種の本、出したでしょ？　カミツキガメさんがいろんな外来種のいきものにインタビューするやつ。

――　出したよ。

コウノトリ　それで今度は、希少種の本、出そうと思ってるんでしょ？

――　なんでそんなこと知ってるのさ。

コウノトリ　しかも、今度はインタビュー形式じゃなくて、希少種同士の座談会形式にするんでしょ？

――　だから、なんでそんなことまで知ってるんだよ!?

コウノトリ　まあ細かいことはいいじゃない。それで、その座談会の司会者、誰にしようと思ってたの？

――　それは、今回は僕が自分でやろうかと。

コウノトリ　あー、ダメダメダメダメダメダメダメ。ぜーったいダメ。その発想自体がダメ。根本的にダメね。

――　……そこまで否定するほどのことかい？

コウノトリ　だってさあ、大島さんも一応人間なわけじゃん？

――　一応ってなんだよ。

コウノトリ　冷静に考えてごらんなさい。誰が人間に本音を話すのよ。希少種なんて、みんな希少になる過程で人間にはひどい目にあってるんだから。いまさら自由に喋ってくれって言われても、そうはいかないわよ。

――　じゃ、どうすればいいのさ。

コウノトリ　あたしがやってきたわよ

――　へ？

コウノトリ × 大島

コウノトリ　いろんな希少ないきものの座談会の司会者、あたしがもうやってきたの。あなたはなんにもしなくていいの。

――い……一体どういうこと？

コウノトリ　あたしね、そういうのはあたしが一番、向いてると思ったの。それに、いろんな希少ないきもののお話、聞いてみたかったのよね。

――ちょ、ちょっと、話がよくわからないんだけど……

コウノトリ　わかりの悪い人ねえ。ほら、あたしたちコウノトリって、この国では一度滅んでるじゃない。それは知ってるよね？

――うん。

コウノトリ　滅んだけれども、人間がロシアからコウノトリを連れてきて、繁殖させて、

また日本の空に放したじゃない。それも知ってるわよね？

知ってる。

コウノトリ――だから、あたしたちは、希少種ではあるけれども絶滅種でもあって、ある意味では外来種扱いされることもあるわけ。人間に「再び飛ぶ日本の空！」とか言われても、ピンと来ないのよね。あたしは前に日本を飛んだことがあるわけじゃなくて、ここで生まれたから飛んでるだけなんだから。

うん。

コウノトリ――おじいちゃんやおばあちゃんに聞いても、この国にコウノトリが生きていた昔のことなんて知らないわけ。みんな、飼育ケージの中にいた時分のこととか、もっと古い話だとロシア時代の言い伝えとかしか知らないのよ。人間に聞くわけにはいかないし、聞いたとしても、人間寄りの話しか聞けないでしょ。

まあ、それはそうかもだけど。

コウノトリ――だからあたし、前から、この日本で、自分がどういう存在なのか知りたかったの。どうして一度滅んだのか、日本で希少種として生きるっていうのはどういうことなのか、ね。それには、他の希少ないきものの話をたくさん聞くのがいいって、ずっと思ってたの。座談会、１８本やってきたわ。３６種類のいきもの集めて。

コウノトリ　——１８本⁉　す、すごいね……。

——頑張ったわよ、あたし。それじゃ、帰るからあとよろしくね。

コウノトリ　——ちょ、ちょっと待ってよ。お茶でも飲んでいかない？　冷蔵庫に魚あるけど食べる？

あー、ダメダメダメダメダメ！　そういうところがダメ！　大島さんって、いきものの仕事してるくせに野生の鳥に餌付けとかするわけ？　コウノトリの放鳥個体に人為的な給餌をすることは望ましくないって、日本鳥学会鳥類保護委員会も言ってるよ。知らないの？

——……。

コウノトリ　まあ、どうやってあたしにお礼するかは自分で適当に考えてね。あ、原稿はここに置いていくわね。じゃあねー！　バイバーイ！

——ちょ、ちょっと……

ドアが開き、風が吹き込んできました。慌ててコウノトリを追いかけようとした僕の足元に、羽根のついたＵＳＢメモリがひとつ、落ちていたのです。僕はそれを拾い上げ、パソコンに接続してみました。

コウノトリ × 大島

絶滅危惧Ⅱ類（VU）

ゲンゴロウ

Cybister chinensis

コウチュウ目
ゲンゴロウ科
体長：35 ～ 40㎜

×

絶滅危惧Ⅱ類（VU）

タガメ

Kirkaldyia deyrolli

カメムシ目
コオイムシ科
体長：50 ～ 65㎜

日本産ゲンゴロウ中の最大種。かつては全国的な普通種であり、水生植物の繁茂する池沼や湿地、水田などで見られるが、農薬等による汚染、圃場整備や耕作放棄、開発による生息環境の悪化、アメリカザリガニ等の外来種による圧力により、現在では全国的に希少な種となっている。僅かに残った生息地は、愛好家による過剰な捕獲圧がかかる傾向があり、個体群の消滅を助長している。

大型の肉食の水生カメムシ。鎌状の前脚で小動物を捕食する。池沼や湿地、水田などに生息するが、1950年代以降、農薬の影響により急速に数を減らし、開発による生息環境の悪化や消滅、圃場整備、餌資源の減少等もあいまって、全国的な希少種となった。ゲンゴロウと同様、わずかに残った個体群への採集圧も個体群消滅を助長している。2020年、種の保存法に基づき特定第二種国内希少野生動植物種にされ、販売目的の捕獲・売買は禁止となった。

ゲンゴロウ×タガメ

ゲンゴロウ　タガメさん、今日はどこから来たの？
タガメ　内緒。
ゲンゴロウ　だよねー。僕も秘密。
タガメ　うんうん。
ゲンゴロウ　都道府県とか市町村とかなら明かせる？
タガメ　明かせないね。
ゲンゴロウ　だよねー。僕も。
タガメ　うんうん。
ゲンゴロウ　棲んでるところ、何かヒントになるような目印とか名所とか言える？
タガメ　言えないね。
ゲンゴロウ　だよねー。
タガメ　うんうん。
――　ちょっと、おふたりとも、記念すべき対談第一回なのにどういうスタートなんですか。
ゲンゴロウ　個虫《こじん》情報にはシビアにならないとね。
タガメ　うんうん。
ゲンゴロウ　だってほら、僕ら希少種だし。

タガメ　うんうん。

ゲンゴロウ　人間が捕りに来ちゃうからね。

タガメ　来るよね。網持って。

ゲンゴロウ　それで、いるだけ全部捕ってくんだよね。あとは湿地環境とか水生植物とかグチャグチャにして。

タガメ　俺ら希少なのにね。

ゲンゴロウ　希少だから欲しくなっちゃうんじゃない？　水棲昆虫のマニアな人間って、乱獲大好きだからね。標本たくさん持ってると偉いらしいよ。

タガメ　変態だね。

ゲンゴロウ　あと、自分でブリードしてるのの種親にされたりね。

タガメ　迷惑だね。

ゲンゴロウ　昔、僕らがたくさんいた頃は、人間の子供が僕らを捕って遊んだらしいよ。

タガメ　今はマニアだね。

ゲンゴロウ　コウノトリさんはさあ、鳥だから、珍しくてもみんな写真撮りに来るだけでしょ。僕らは捕まえられるからね。拉致されて、薬物で殺されるか、一生、水槽に監禁されるか……

タガメ　あと売られるか。

ゲンゴロウ × タガメ

ゲンゴロウ　タガメさんはいいよ。こんど、国内希少野生動植物種の特定第二種っていうのになったんでしょ？

タガメ　うん。でも人間が勝手に決めたことだよ。

――その、国内希少野生動植物種の特定第二種ってどういうものなのか、ちょっと詳しくお願いできる？

ゲンゴロウ　いいけど、僕らが人間の決まりごとの解説するの、なんか笑えるね。

タガメ　倒錯的だね。

ゲンゴロウ　ざっくり簡単に言うと、1993年に施行された、いわゆる『種の保存法』っていう法律で定められるところで、希少野生動植物種に指定されたいきものは、許可なく捕獲や採取や販売ができないと。第二種というのは2018年に創設されて、2020年にタガメさんとか、人間の生活の近くの里山に暮らしているいきものが3種類ほど指定されたもので、販売とか、販売目的の捕獲のみを禁じると。だから、今はタガメさんを捕まえて売ったら犯罪になるんだよ。

――ゲンゴロウさん、物知りですね。

ゲンゴロウ　いやあ、それほどでも。けど人間も、ほとんどは『種の保存法』も希少野生動植物種もまだ聞いたことないんじゃない？

タガメ　これからだね。

——　とは言え、そういう法律がつくられて、新しい規定ができていって、人間側もいきものを守ろうという機運が少しずつでも高まっていくのかしら。

ゲンゴロウ　難しいね。

タガメ　困難だね。

——　そのココロは？

ゲンゴロウ　だって、昔はたくさんいた僕らが希少になるには、色々な理由があるわけでしょ。それらの理由をひとつひとつ検証して、カバーしていかないと、僕らの個体数回復は見込めないでしょ。マニアの捕獲や販売を禁止しても、それは僕らの減少要因のほんの一部にしか過ぎないでしょ。さっきも言ったけど、昔は人間の子供が僕らをいくら捕っても大丈夫なくらい、僕らたくさんいたらしいんだから。タガメさんそうだよね？

タガメ　うんうん。

ゲンゴロウ　1950年代から、毒性の強い農薬が使われ始めて、水棲昆虫、と言うより田んぼのいきもの全部が激減したんだよ。コウノトリさんが一回絶滅したのも、その影響が大きかったんでしょ？

ゲンゴロウ × タガメ

――　うん、そう聞いてる。

タガメ　いきものが全滅するだけじゃなくて、人間の体にまで害が及ぶような薬が使われていたんだよ。

ゲンゴロウ　パラチオンとかね。

タガメ　ホタルもメダカもカエルも何もかも死んだらしいよ。そんなものが70年代まで使われてたんだよ。今はもちろん使用禁止だけどね。

ゲンゴロウ　けど、今の田んぼ使われてる農薬だって、俺なんか普通に死ぬからね。

タガメ　タガメさん、見かけはいかついけど農薬に弱いもんね。

ゲンゴロウ　虚弱体質だからね。

タガメ　それに、僕らみたいな、田んぼやため池に暮らしてるいきものにとっては、田んぼそのものの構造の変化も大きいね。

――　うんうん。

タガメ　あたし、昔のこと知らないからわからないんだけど、田んぼの構造の変化っていうのは……

ゲンゴロウ　ほら、今の田んぼって、冬になると水抜いちゃうから、春先にカエルが産卵できないし、色んないきものが水の中で冬越しできないでしょ？　しかも、水

路をコンクリートの三面張りにして、田んぼと水路の間に段差もできちゃってるから、魚も棲めないでしょ？ だから、僕らみたいな肉食の昆虫の餌になるいきものたちがいなくなっちゃうし、僕ら自体も居場所ないでしょ？

タガメ　それと、あれも困るよね。中干し。

ゲンゴロウ　そうそう、中干し！ あ、中干しってわかる？ 夏場にイネを強くするために田んぼの水を抜いて乾かすやつね。

タガメ　あれ困るんだよ。

ゲンゴロウ　僕らの幼虫も干からびるし、餌になるオタマジャクシとかヤゴとかも干からびるし、そういう時に避難場所になる溜め池とかもどんどん潰されなくなってるし。

――　長い間続いてきた田んぼの構造が変わって、いきものは棲むところが減って、餌になるものも減ったわけね。

ゲンゴロウ　昔とおんなじような構造の、山あいの田んぼとか溜め池とかもまだあるけど、外来生物がどんどん入り込んできてるしね。ザリガニとか、ウシガエルとか。そうすると僕らも食べられるし、僕らの餌も食べられるし、産卵するための水生植物もなくなるし。

タガメ　まあ色々あるけど、一番の問題はあれだよ、田んぼ自体減ってきてることだよ。

ゲンゴロウ × タガメ

ゲンゴロウ　だよねー！　僕ら、ある意味、この国の人間と一緒に発展したんだよね。人間が田んぼつくって、僕らそこに棲んで。

タガメ　うんうん。

ゲンゴロウ　でも、もうそれも終わりだね。田んぼなんて毎年どんどん放棄される一方だし、田んぼで働いてる人間、みんなトシだもんね。

タガメ　あの人たちみんな死んだら、この国の田んぼなくなるんだね。

――　え、ちょっと待ってよ。さっき言った、田んぼの構造の変化って、人間がお米をたくさん作るためにしたことよね？

タガメ　そうだよ。

――　お米って、この国の人間が一番たくさん食べる食べ物よね？

タガメ　うん、そうだよ。

――　なのに、今度はそれをつくるのを大切にしなくなっちゃったの？　つくる人や場所を守ってないの？

タガメ　しなくなっちゃったみたいだよ。守ってないみたいだよ。

――　なんで？　どうして？

ゲンゴロウ　なんでだろうねえ。

タガメ　不思議だねえ。

準絶滅危惧（NT）

ガムシ

Hydrophilus acuminatus

コウチュウ目
ガムシ科
体長：30 ～ 40㎜

×

絶滅危惧Ⅱ類（VU）

ミズスマシ

Gyrinus japonicus

カメムシ目
ミズスマシ科
体長：6 ～ 7.5㎜

全身黒色をした、大型の水生甲虫。国内のガムシの仲間では最大。水生植物の繁茂する池沼や湿地で見られる。灯火に飛来することもある。ゲンゴロウの仲間としばしば混同されるが、ガムシの仲間の成虫は他の動物を襲うことは稀で、主に植物質のものを食べている。近年、全国的に減少傾向にある。漢字で書くと「牙虫」で、腹部にあるトゲがその名の由来。

水質の良い池沼、流れの緩い川、水路などで見られる水生甲虫。常に独特の姿で水面に腹ばいで浮いてクルクルと遊泳し、水に落ちた小昆虫などを捕食する。かつては平地から丘陵地まで極めて普通に見られる昆虫であったが、近年は全国的に減少が著しく、希少種となりつつある。幼虫は水中で生活し、やはり小動物を捕食する。

ガムシ × ミズスマシ

ガムシ　こんにちは。
ミズスマシ　おおっ、ガムシが喋った！
　　　　ガムシさんって無口なんですか？

ミズスマシ　無口も何も、ガムシが話すの、初めて聞いたなあ。
ガムシ　言いたいことはたくさんあるんです。
ミズスマシ　なんか水草の中でごそごそしてるだけだと思ってたよ。
ガムシ　言いたいことはとにかくたくさんあるんです。誰も話しかけてこないから喋らなかっただけなんです。
ミズスマシ　まあ、誰も話しかけないのもわかるよ。ガムシって黒くてデカくてなんか不気味だもん。泳ぎ方もどたばたしてて溺れてるみたいだしさ。
ガムシ　今まで黙ってましたけどね、そういうあなたこそ小さいくせにやかましいんですよ。クルクルクルクルクル一日中回って、むなしくならないですか？
ミズスマシ　な、なんだおまえ、態度悪いんだな。

　　　　ちょっと、ふたりとも喧嘩はやめてよ。同じ希少種同士じゃないの。
ガムシ　実はそのことなんですよ、私が言いたいことの第一は。
ミズスマシ　なんだ、何が言いたいんだ。
ガムシ　希少種と一口に言ってもですね、その間には凄まじい格差があるんです。

ミズスマシ　つまり、どういうこと？

ガムシ　さっきいたゲンゴロウとタガメですか？　彼らなんかは、人間との関係においては、ある意味では恵まれていると同時に、非常に不幸とも言えると思うんですよ。

ミズスマシ　おっ、話がのみこめてきたぞ。

ガムシ　彼らは、人間にわりあい知られていて、かつ、人間の中でも彼らを好きな者というのがかなりの数いるわけじゃないですか。

ミズスマシ　好きっていうのもいろんなベクトルでね。

ガムシ　だからゲンゴロウやタガメがいなくなるということになると、ざっくり言うと、人間の側からは2種類の反応が起きるじゃないですか。

ミズスマシ　保全しよう！　守ろう！　っていうのと、珍しいから捕ろう！　っていうね。

ガムシ　とにかく話題にはなるんですよ。

ミズスマシ　そこへいくと我々は、っていう話になるよね。

ガムシ　そうなんですよ。ミズスマシさんだってね、本来は、人間が「ミズスマシみたいな」とかいう形容詞にも使うくらい、数もたくさんいるし人間の世界に身近な存在だったわけですよ。人間はミズスマシさんをこのクルクルした動きで覚えてたみたいで。

ミズスマシ　なんか言い方に悪意があるな。

ガムシ　けれども、ではいま、まさにミズスマシさんが減少しているというときに、そこで立ち上がってミズスマシさんの生息環境を守ろうという人間の数はゲンゴロウやタガメの場合に比べてどうです？

ミズスマシ　まあ、うんと少ないだろうね。

ガムシ　さらに一歩進めて、減少の原因を探って、個体数を増やす手立てを講じようとしている人間の数はゲンゴロウやタガメと比べてどうです？　同じように、いや、むしろ減少率からいったら、ミズスマシさんの方が近年ではより以上に少なくなってきているのにですよ。これはですね、ミズスマシさんが見栄えがしなくてちっぽけだから、人間は興味をもっていないんです！　だから裏を返せば、捕獲しようとするマニアすらも寄ってこないんです！

ミズスマシ　……おまえ、バカにしてないか？

ガムシ　いや、バカにしてません。私なんてさらに人間に見放されてますからね。この国には1億2千万からの人間がいますがね、「ガムシの泳ぐ水辺を取り戻そう、守ろう」って言ってくれたのは、過去・現在を通じてどれだけいるんですかね。もしかしたらひとりもいないんじゃないですか。

ミズスマシ　いや、きっとひとりやふたりくらいはいたと思うけど……

ガムシ　どうせ私などミズスマシさん以下です。この通り黒くてデカくてなんか不気味ですからね。保全もされず捕獲もされず、いつの間にか滅びるんですよ。無視されたまま滅びるんですよ。滅びても誰も復活なんて言ってくれないんですよ！　コウノトリさん、あんたわかりますか、我々のこの気持ちが！

――　えっ、あたし⁉
一度滅んだくせに特別扱いで人間に情けをかけられて、国際協力までして繁殖して野生復帰してちやほやされてるあんたにですよ！　ねえ！

ミズスマシ　おい、やめなさいよ。落ち着いて！
ガムシ　うう、ハアハアハア……
ミズスマシ　よしよし。かわいそうに、ずいぶん鬱憤がたまってたんだなあ……

――　希少ないきものって精神的に辛いのね。
ガムシ　……すいません、取り乱しまして。今日ようやく、言いたいことを言う機会

が巡ってきましたので、つい……

ミズスマシ　まあねえ、水棲昆虫ってみんな不幸なんだよ。

——　みんな不幸。

ミズスマシ　はっきり言うけどねえ、いま、数が増えてる水棲昆虫なんてほんのひと握りだよ。あとはみーんな、人間による環境改変や農薬の散布や農業の衰退や外来生物の問題なんかで絶賛減少中だよ。さっきこのガムシが言ったみたいにさ、人間に無視されたまま滅びていくんだよ。さもなきゃゲンゴロウやタガメみたいに、減るだけ減ったところを人間にせっせと捕られていなくなっていくか。

——　不幸さのあり方が違うだけなのね。

ミズスマシ　もっとも、ゲンゴロウやタガメみたいな目立つ大きな奴には保全や保護の手が差しのべられることもあるけど、それもだいたいは手遅れだったり不十分だったりするんだ。

ガムシ　そうです。もう滅んでしまった者も大勢います。

ミズスマシ　参考までにコウノトリさんに教えといてや

るよ。ざっと思い出せるだけでも、スジゲンゴロウは1980年代には消えた。マダラゲンゴロウも90年代にはいなくなった。フチトリゲンゴロウも近頃は音信不通、カワムラナベブタムシも最近は誰も見てないらしいし、俺の親戚のリュウキュウヒメミズスマシも、もしかしたら絶滅したかもしれない……

ミズスマシ　――ほとんどは聞いたこともない虫です……

ガムシ　そうだろう。でもみんな命のある存在として生きていたんだよ。ひとりひとりみんな命があったんだよ。

ミズスマシ　彼らにも言いたいことがあったと思うんです。

ガムシ　それは大事なことだぞ。コウノトリさん、みんな命があったってこと、それがもうなくなったんだってことは知っておいてくれよ。それに、いま生きている希少ないきものにも、みんなそれぞれ命があるんだっていうことを、みんなに伝えておくれよ。

ミズスマシ　――うん……

ガムシ　我々はまだ恵まれています。まだ滅んでないので。

ミズスマシ　このままだとそう遠くなく滅ぶだろうけどな。さっき言ったスジゲンゴロウだって、50年代以降に毒性の強い農薬が大量に撒かれるまでは全国にたくさんいたんだよ。誰もいなくなるなんて思わなかったんだ。コウノトリさん、水棲昆虫が住めないようなところではね、あんただってまともに餌をとることもできないよ。

――　……うん。

ミズスマシ　人間があんたたちを復活させるんなら、あんたたちコウノトリを通じて、コウノトリと関係した水辺生態系のいきもの全てに目を向けて欲しいんだけどね。まあ、人間にそこまで期待しても無理かな。

――　……

ガムシ　いなくなるまで気づかれず、いなくなっても気づかれず。それが我々です。

ミズスマシ　ガムシさん、その一言の中に一番言いたかったことがあるじゃないかい？

ガムシ　そうですね。

ミズスマシ　いなくなった奴らは、言いたいことも言えないからね。まあ、この水の中に、いなくなった奴らの魂がたくさんこっちを見ているんだと、そんなふうに想像してみてくれよ。

ガムシ　耳をすませば、声が聴こえるかもしれませんよ。うんと小さな声でしょうけど。

絶滅危惧Ⅱ類（VU）

メダカ

Oryzias sakaizumii（キタノメダカ） *Oryzias latipes*（ミナミメダカ）

ダツ目
メダカ科
体長：3 ～ 4㎝

×

絶滅危惧Ⅱ類（VU）

マルタニシ

Cipangopaludina chinensis

原始紐舌目
タニシ科
体長：40 ～ 60㎜

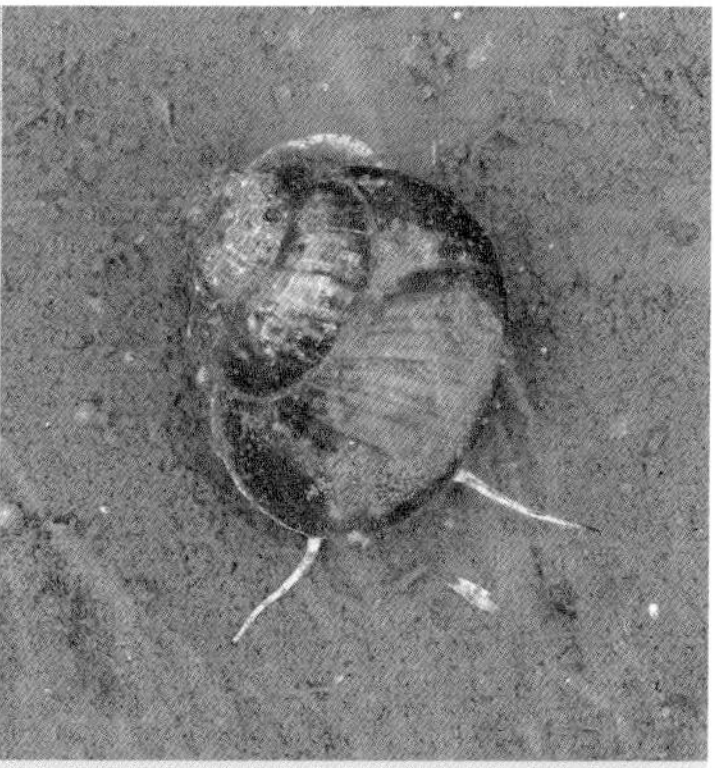

近年の研究により、メダカはキタノメダカとミナミメダカの２種に分離された。日本の稲作農業によく適応しており、極めてポピュラーな淡水魚であったが、水田構造の変化により各地で激減している。しばしば放流事業が行われるが、メダカは水系ごとに遺伝的多様性を持っており、安易な他地域由来の個体群の放流は遺伝子汚染をもたらし、元来その地域に生息していた個体群の絶滅を促進する場合がある。また、品種改良された飼育個体を放流する行為も慎むべきである。

名前の通り、殻の各層がよくふくらんで、丸みを帯びた姿をしたタニシ。水田をはじめ池沼、湿地などの浅い止水域で見られる。北海道から琉球諸島まで分布し、かつては普通種であり食用ともされてきたが、高度経済成長期以降、農薬の影響や、乾田化により越冬期に田の水がなくなったこと、ため池の消滅、耕作放棄による水田そのものの荒廃などの要因により、各地でその数を減らしている。

メダカ × マルタニシ

マルタニシ　大きくなったねえ。
メダカ　私のこと知ってるんですか？
マルタニシ　あなたがこの田んぼに来た時のことを覚えていますよ。この田んぼの上の方のため池が台風であふれた時に、大勢でここに来たんでしたね。
メダカ　ええ。みんな流されちゃいましてね。
マルタニシ　あなたは尾びれに少し切れたところがあるでしょう。だから覚えているんです。
メダカ　小さい頃、ザリガニにはさまれましてね（笑）。
マルタニシ　あなたはとっても小さかったから、生きのびられないだろうと思ったんだけど、立派に成魚《おとな》になりましたね。
メダカ　ありがとうございます。ここに来てからちょうど1年になります。
マルタニシ　もう1年経ちますか。早いですねえ……
メダカ　はい。仲間はほとんどみんなもう死にました。皮肉ですね、一番小さかった私が生き残るなんてね。でも私ももうじきあっちに行きます。
マルタニシ　寂しくなりますね。けど、仕方がないかな。この田んぼも、耕作放棄されて5年経ちました。草ばかり茂って、水ももうほとんどないですものね。
——　マルタニシさんは、この田んぼがまだ耕作されていて、水があった時のこと

マルタニシ　を覚えていらっしゃるの？
　記憶があいまいになってるところもあります。私が生まれた年ですから。けどよく覚えていますよ。

メダカ　どんなだったのか、私も聞きたいですね。

マルタニシ　一面にね、水がずうっとどこまでも広がって、青いイネが生い茂っていましたよ。その時分には、私たちのようなタニシも、メダカさんもたくさんいましたね。

メダカ　想像もつかないな。

マルタニシ　つい昨日みたいな気もするんですけどね。

メダカ　ここにはもうイネどころか水草さえないですものね。引っ越したくても、ここまで流れてきちゃったら上のため池には帰れないし、下の方に流れていこうにも、水路はこの下で暗渠になっちゃってるし。ここで、干上がって死ぬのを待つばかりですよ。

マルタニシ　このまま雨が降らない日が続いたら、あと何週間もなく干上がりますねえ。

メダカ　タニシさんは、乾燥しても泥の中にもぐって耐えられるんでしょ？

マルタニシ　いやあ、またすぐ水が戻ってくるなら耐えられもしますけど、干上がりっぱなしじゃあ駄目です。それに、私ももう歳だから。

メダカ × マルタニシ

メダカ　マルタニシさんと一緒に、コウノトリさんに上のため池に運んでもらえればいいんだけどね（笑）。コウノトリさん、上のため池はどうなってる？

――　……ごめんなさい、上にもうお水、ないみたいだった。それに去年の台風の時だと思うけど、木がいっぱい倒れててグチャグチャになってた……

メダカ　やっぱり駄目か。あの台風はひどかったもんね。ここまで流れ落ちてきちゃったくらいだもの。

マルタニシ　あの時はあれだけ雨が降ったのに、湧水ももう出てないんですか。最近は日本中どこも、水源はどんどん枯れているという噂ですね。

――　そうね。湧出量が増えてる湧水なんて見たことないもの。ただ、大きな台風な豪雨の時に何もかも一気に流れるだけ。

マルタニシ　それが、私たちの生きている今のこの時代なんですね。

メダカ　マルタニシさん、この田んぼが耕作されてた頃のこと、もう少しお話してくれませんか？

マルタニシ　いいですよ。とにかく……あの頃は、人間がこの田んぼによくいました。水を入れたり、反対に抜いたり、水路を切ったり、穴をふさいだり。耕して、イネを植えて、刈り取って、斜面の草も刈って……いろんなことをしていました。今の私みたいに、歳をとった人間でしたよ。その人間がいなくなったら、あっという間に田んぼは荒れていきました。もう、ここが田んぼだったなんて、言われなきゃわからないでしょう。ただの湿地みたいに見えませんか？

—— 見えますね。

マルタニシ　すぐに、湿地にも見えなくなって、ただの荒地、藪に見えるようになりますよ。

メダカ　今、私たちがいる水たまりで最後ですね。

マルタニシ　最後ですねえ……私はこの田んぼで生まれて、この田んぼがなくなるのを見届けることになるんですね。

—— マルタニシさんはここのお生まれ？

マルタニシ　ええ。一生、この田んぼにへばりついて暮らしてきましたよ。先祖代々、どこにも行かず、どこにも行けずに田んぼにへばりついてね。つまらない貝生《じんせい》です。

メダカ　いいじゃないですか、自分の遺伝子が土地に根っこを張っていて。私なんてそこらへんが曖昧ですから。

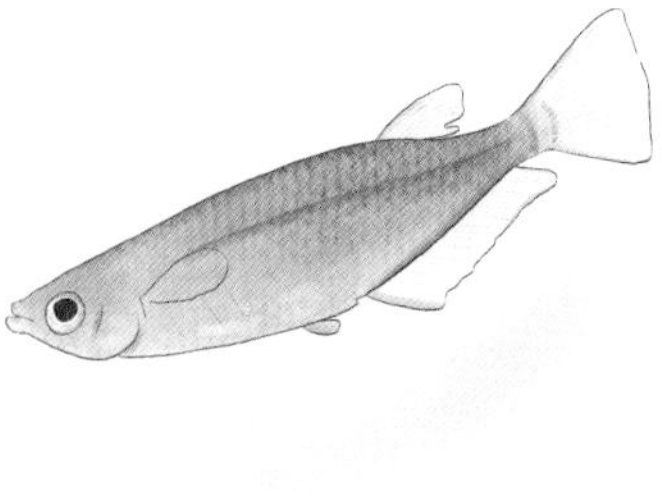

メダカ × マルタニシ

マルタニシ　メダカさんは、昔から上のため池におられたんじゃないんですか？

メダカ　半分はそうですけど、残り半分は違ってますね。

——　というのは？

メダカ　私は確かに上のため池の血筋なんですが、いろいろ混ざってるんです。聞いた話ですが、私が生まれるよりもずっと前、おそらくマルタニシさんが生まれるよりもっと前に、人間が、どこかで飼ってたメダカを上のため池に放したことがあるらしいんです。そのメダカのうちのあるものは、なんでも、何十キロも離れた場所で捕まって、飼われてたメダカだったんですって。

マルタニシ　何十キロか。永遠みたいな距離ですね。

メダカ　一方で、その時、放されたメダカの中には、また違うものも混じっていて、それは赤や白の色をしていたそうです。そういうメダカは、川で捕まったも

のではなくて、ずっと昔から人間が水槽の中で飼っていたものだったとか。

マルタニシ　人間ってそういうことするんですよねえ。

メダカ　魚《ひと》の色を勝手に変えて遊ばないでほしいですよね（笑）。だから私の中には、もともと上のため池にいたメダカの血筋、どこか遠くで人間に捕まって連れて来られたメダカの血筋、人間がもともと飼っていたメダカのいくつかの血筋、と入ってるわけです。しかも、人間が捕まえたメダカの血筋をさかのぼったらどういう系統なのかなんてわかりませんしね。

――　ややっこしいですね。

メダカ　まあ、そうやって混ざったのが私の血筋なんです。私の姉のひとりは、黄色い色をしていました。多分、先祖返りですね。その姉ももう逝ってしまいましたけど。

マルタニシ　あなたの中の遺伝子が喋ることができたら、面白い歴史のお話がたくさん聞けたでしょうねえ。

メダカ　そうですね。でも、それももう終わりです。私の遺伝子はここで尽きるんです。

マルタニシ　私もですよ。もう、子供を作ることもないでしょうね。

――　メダカさん、マルタニシさん、本当にあたしと一緒に来ませんか？　まだ他のメダカやマルタニシが棲んでいる場所に行って、そこで長生きしませんか？

メダカ × マルタニシ

メダカ　隣の川まで行けば、そういうところもありますよ。ありがとうございます。でも、やっぱりやめておきますね。そのお言葉だけで十分です。

マルタニシ　私もやめておきますよ。隣の川なんて、そんな遠くにね……。

――　隣の川まで行けば、まだ水のある田んぼもあるんですよ。青いイネが生えて、歳をとった人間が手入れをしている田んぼです。

メダカ　いいんです。見るだけのものはみんな見ました。隣の川は、ここことは違います。上のため池が健在なら死ぬ前に戻ってもみたいですけど、それがないならよそに行きたくもないです。

マルタニシ　もし、よその田んぼに連れて行ってもらえたとしても、そこの手入れをしている人間もやっぱり年寄りなんでしょう？　その人間が死んだら、またそこも水がなくなって、荒れ地になってしまうだけでしょう。私はここが干上がったら、泥の中にうずまって眠ります。きっとこの泥の底にも田んぼがあるでしょう。みんなそこで待っていると思いますよ。親きょうだいや、ここに昔いたいきものや、この田んぼで働いていた年寄りの人間や、ね。

メダカ　私もそこに行ってもいいかな？

マルタニシ　もちろんですよ。是非おいで下さい。

準絶滅危惧（NT）

ニホンイシガメ

Mauremys japonica

カメ目
イシガメ科
甲長：♂ 13cm・♀ 20cm

×

絶滅危惧ⅠB類（EN）

アカウミガメ

Caretta caretta

カメ目
ウミガメ科
甲長：70 ～ 100cm

日本固有種の淡水カメ。雌の方が大型となる。背甲はオレンジ色で、後端は鋸歯状。半水生で、河川の上・中流域や池沼に生息し、陸地も積極的に歩き回る。河川改修の影響や、生息域の道路による分断、クサガメとの交雑などの要因で減少の一途を辿っている。また、近年ではとりわけ、特定外来生物アライグマによる捕食による地域個体群の絶滅が各地で大きな問題となっている。

赤道付近をのぞく世界中の温帯・亜熱帯の海域に生息する。日本は北太平洋地域における主要な繁殖地で、雌は5～8月の夜間、外洋に面した砂浜に上陸し、穴を掘って産卵する。孵化した幼体はやはり夜間に海に入り、きわめて長い距離を移動しながら、10年以上をかけて成熟する。産卵場所となる海岸の開発や漁業による混獲、海洋汚染等の要因により他のウミガメとともに減少しており、ウミガメ科としてワシントン条約附属書Ⅰに掲載されている。

【写真提供：こまちだたまお氏（たまあーと創作工房）】

ニホンイシガメ×アカウミガメ

―― いかがですか？　こうして実際にお会いしてみて。

アカウミガメ　……言葉になりませんね。

ニホンイシガメ　私も、何と言っていいかわかりません。感激で胸がいっぱいです。お会いできてとても嬉しいです。淡水にもカメがいらっしゃることは存じておりましたが、これまでお目にかかれずにいました。

アカウミガメ　私もです。海には、手足がヒレになった大きなカメがいるんだと聞いてはいました。いやあ、本当に大きくていらっしゃいますね……

ニホンイシガメ　いえいえ、私などはまだまだ大きいとは申せません。海にはオサガメというのがおりましてね、これは甲羅の長さが2mになるものもいますよ。

アカウミガメ　2mですか。そこまでになられるにはさぞ長生きなさることでしょう……アカウミガメさんはおいくつになられますか？

ニホンイシガメ　ちょうど60歳になりますよ。

アカウミガメ　おお、すごいですね。私は半分の30歳です。

ニホンイシガメ　まだまだお若いじゃございませんか。

アカウミガメ　私も川では一番の年寄りなんですが、アカウミガメさんを前にすると、これからもっともっと生きなければと思いますね。それにしても、いやあ、立派な甲羅ですね……

アカウミガメ　ニホンイシガメさんも実に美しいお姿ですよ。指もちゃんと5本ずつおありですね。私どもウミガメも、遥かな昔の先祖は、手足がヒレでなくて指を持っていたという話ですが、実際に拝見すると、こみ上げてくるものがありますね。

ニホンイシガメ　ほんの2億何千万年か前までたどれば、私たちは同じ先祖を持っていたことでしょう。

アカウミガメ　そうです。それがいつしか枝分かれし、私の先祖は海へ、ニホンイシガメさんの先祖は淡水で暮らしてきたのですね。

ニホンイシガメ　ええ、そうですね……。いやあ、海へ行くというのは気宇壮大ですごいです。アカウミガメさんは、ずいぶん遠くまで泳いでいかれたんでしょう？

アカウミガメ　そうですね。私はこの近くの砂浜で生まれたんですが、そのあと、太平洋を渡ってアメリカ大陸の近くまで行きましたね。

ニホンイシガメ　アメリカ大陸ですか！

アカウミガメ　ええ、メキシコの沖まで行きまして、そのあたりで何年か過ごしました。それから大きくなりますとこちらに戻ってまいりまして、現在は日本近海で暮らしております。

ニホンイシガメ　いやあ、大したものです。私はこの川の上流で生まれまして、アカウミガメさんが世界を巡っている間、そのまま小さく、川の流れとその周りで生きて

ニホンイシガメ × アカウミガメ

アカウミガメ　まいりましたよ。何をおっしゃいます。小さいなんて……イシガメさんは陸に上がって歩き回ったりもなさるでしょう。実に勇敢です。

――――ニホンイシガメさんが陸を歩けるからこそ、今日はこの会見も実現したんですよ。

ニホンイシガメ　ありがとうございます。私たちが会える場所を見つけて頂きまして。

――――大変だったんですよ。外洋に面した海があって、ウミガメさんが入ってこられるような場所で、なおかつイシガメさんが住んでいる川が海岸の近くにあって、人間があんまりいなくて、ていう場所、なかなかなかったんですから。

アカウミガメ　昔はきっと、そういう場所もたくさんあったのでしょうね。

ニホンイシガメ　そうですね。私たちの祖父母、曽祖父母の代には、あるいはね……。なんだか上から見下ろすようになってしまってすみませんねえ。私もウミガメさんと一緒に泳ぎたいんですけど、塩分の入った水に浸かると弱って死んでしまうので、岸辺から失礼しています。

アカウミガメ　いえいえ、陸に上がるというのは、これはもう命をかけていらっしゃる。陸には危険もたくさんおありでしょう？

ニホンイシガメ　そうですねえ……それこそ、我々の祖父母、いや、曽祖父母の代には、よく成長したカメにはあまり危険や敵はなかったと思うんです。でも、今は確かに危険ですね。まず道路がある。渡れば車に轢かれますしね。それに、昔はいなかったアライグマがいる。アライグマというのは恐ろしいですね。これはカメをみんな食べてしまう。

アカウミガメ　アライグマは、私たちの卵を掘り返して食べたりもするんですよ。

ニホンイシガメ　そうでしょう。アライグマは、我々をつかんで、こう持ち上げて、そうして手足や頭をかじるんですよ。手足をかじられて放り出されたカメは、すぐには死なず、長い時間をかけてゆっくりゆっくり死んでゆくことになるんです。私たちの川のイシガメたちも、みんなそうして死にました。

――――　そう言えば、あたし、前に、イシガメさんの死体がたくさん転がってる川に降りたことある！　あれってもしかして……

ニホンイシガメ　そう、それはきっと、アライグマが住むようになった川でしょうね。アライグマが住むようになるとカメの死体が見られるようになって、それから最終的に、生きたカメも死んだカメも見られなくなります。もっとよく見たら、きっと、アライグマの足跡も見つかったでしょう。

—— アライグマの足跡って、あの、5本指で、人間の子供の手みたいな形の……

ニホンイシガメ　そう、それです。死をもたらす手です。

アカウミガメ　怖ろしいことですね……。ニホンイシガメさんは、先ほど、ご自分のことを「川で一番の年寄り」とおっしゃいましたよね。いま、お住まいの川にはどのくらいの数のイシガメさんがいらっしゃるんですか？

ニホンイシガメ　正直に言いましょうか。今はもう私だけです。私が最後の生き残りです。

アカウミガメ　そうですか……。

ニホンイシガメ　もっとも、うちの川にはクサガメがたくさんいますが、クサガメたちの中に、イシガメの遺伝子を持ったものはいるでしょうね。しきりに交雑してしまいましたからね。

アカウミガメ　私は今、お話を伺って……こんなにも違う環境に暮らしているのに、こんなにも似た思いをしているのかと……私はね、自分のふるさとをなくしてるんですよ。

ニホンイシガメ　ふるさとというのは……

アカウミガメ　私が生まれて、卵から孵った、この近くの砂浜ですね。

ニホンイシガメ　埋め立てられたんですか？

アカウミガメ　埋め立てられたというか、護岸工事でね……今行ってみても、ブロックで固められていて、上陸もできません。それに、アライグマに手足を食べられるイシガメさんのことを聞いて私が思い出したのは、延縄や漁網にかかって死んでいった仲間たちのことです。絡まって、浮かび上がれなくなって、だんだんに溺死するんです。すぐには死なず、身動きもできず、少しずつ溺れて死ぬんです。

ニホンイシガメ　苦しいでしょうね……

アカウミガメ　おかしいですよね。この自由な、どこまでもどこまでも泳いでいけるはずの海で、カメを獲るためではない網にかかって死ななければならないなんて。

ニホンイシガメ　そうですね……

アカウミガメ　たくさんたくさん、仲間たちが死にました。海そのものも汚れています。考えられないくらいゴミでいっぱいです。世界中の海がですよ。もしかしたら、私たちという種そのものが、だんだんに死んでいるのではないかと思う時もあります。

ニホンイシガメ × アカウミガメ

ニホンイシガメ　全く同じ気持ちです。今日お会いできて良かった。こんなに通じ合えるとは思わなかった……。あのね、それじゃ、最後にとっておきの話をしましょうか。
アカウミガメ　是非聞かせてください。
ニホンイシガメ　私はね、今、すごく行ってみたいところがあるんですよ。
アカウミガメ　どちらですか？
ニホンイシガメ　「昔の日本」です。
アカウミガメ　おお！
ニホンイシガメ　そんなに大昔じゃなくていいんです。外来生物がどっと入ってくる前、人間が何もかもを改変する前。そんな時代に行ってみたいんですよね。
アカウミガメ　いいですね。私も行ってみたいなあ……「昔の海」に。
ニホンイシガメ　誰にも話したことはないんです。死ぬまでひとりで妄想しているつもりだったんですがね（笑）。
アカウミガメ　いや、その妄想には私も入れてください……。それにしても、なんだか、初めてお会いしたような気がしませんね。
ニホンイシガメ　お別れしたくないです。まだ、ずっとお話していたいですね。
アカウミガメ　ええ。もう少し、お話しましょう。もう少し、こうしていましょう。

絶滅危惧ⅠB類（EN）

ニホンウナギ

Anguilla japonica

ウナギ目
ウナギ科
全長：50 ～ 100cm

×

準絶滅危惧（NT）

ドジョウ

Misgurnus anguillicaudatus

コイ目
ドジョウ科
全長：10 ～ 15cm

東アジアに広く分布する。細長い円筒形の特徴的な姿をしている。夜行性かつ肉食で、様々な水棲小動物を捕食する。河川や池沼から沿岸部まで生息し、降海してマリアナ諸島西方の海域で産卵、ある程度成長しシラスウナギとなった稚魚が河川を遡上するが、その生活史にはいまだ謎が多い。主として食用目的での乱獲が目的で激減している。いわゆる「養殖ウナギ」とは、親ウナギを人工的に産卵させて孵化させたものではなく、遡上してきたシラスウナギを捕獲して成育したものである。【写真提供：前澤健二氏】

水田、用水路、小河川、湿地などに生息する。雑食性でよく泥にもぐる。口ひげは 5 対 10 本。メダカと並んで田んぼの魚の代表格であったが、2018 年の環境省のレッドリスト改訂により、「水田地帯を中心に生息範囲の減少が指摘され、また国外外来種との競合、同種内国外系統との交雑による攪乱が懸念されており、こうした要因の進行により将来的に絶滅危惧に移行する状況にあると判断される」ことから、「NT（準絶滅危惧）」として記載された。

ニホンウナギ × ドジョウ

ニホンウナギ　やあ、ヌルヌルしてる？
ドジョウ　ヌルヌルしてますよお。
ニホンウナギ　どのくらいヌルヌルしてる？
ドジョウ　ううん、かなりヌルヌルしてるかな。
ニホンウナギ　最近どう？　減ってる？
ドジョウ　減ってますよお。そっちは？
ニホンウナギ　まあまあ減ってる！
ドジョウ　相変わらず人間に捕られてます？
ニホンウナギ　捕られてますよお。もうめっちゃ捕られてる！
ドジョウ　密漁とかされてます？
ニホンウナギ　されてるされる。もうねえ、下手したら日本人が食べてるウナギの半分以上は密漁！

ドジョウ　――あの、ちょっとよくわかんないんだけど、人間が食べてるウナギって、養殖ものがほとんどなんじゃないの？　なのにどうして半分以上が密漁ものなの？
ニホンウナギ　ウナギさん、これは、あれですよ。よく聞かれるやつでしょ。
ドジョウ　そうそう、もうあちこちで同じことを答えてるんだけどね。
なかなか普及しませんなあ。

ニホンウナギ　でもまあ、これは言い続けないとね。
ドジョウ　そうそう。
ニホンウナギ　言い続けないとヌルヌルしちゃうもんね。
ドジョウ　ヌルヌルしちゃいますよねえ。
——
ニホンウナギ　あの、それで結局……
コウノトリのおねえさんさ、養殖ものって言うと、どんなことを思い浮かべる？
——
ニホンウナギ　それは、人間が卵から育てて大きくして、また卵を産ませて……って思うじゃん。ところが、そうじゃないのよ。話せば長くなるけどいいかな？
——
ニホンウナギ　いいわよ。教えて。
順を追って説明するとね、自分らの場合、まず最近まで、産卵場所が人間には知られてなかった。
ドジョウ　イヒヒ、隠してたでしょう。
ニホンウナギ　まあ、もうだいたいバレたから言っちゃうと、マリアナ諸島の西の方なんだけどね。そこで産卵するわけ。卵から孵化すると、「レプトセファルス」っていうものになる。
ドジョウ　なんか平べったい透明なやつね。幼生みたいな感じですよね。

ニホンウナギ × ドジョウ

ニホンウナギ　まあそんな感じ。それから、海流に乗って東アジア沿岸に向かって帰ってくるんだけど、その途中で変態して、いわゆるシラスウナギになる。

ドジョウ　「変態」って、虫みたいだよね。イヒヒ。

ニホンウナギ　うるさいな！　そのシラスウナギが、川をさかのぼったり、河口部の汽水や、沿岸で暮らしながら成長するんだけど、そのシラスウナギの段階で人間がごっそり獲って、池に入れて育てて、大きくしたのが養殖ウナギ。

ドジョウ　うーん、壮大ですねえ。

――じゃあつまり、養殖ものって言っても、結局人間が自然の魚を獲ってきてることにかわりはないわけ？

ニホンウナギ　そ。ウシやブタとは違うわけよ。

――人間が親に卵を産ませてそれを育てるってのはできないわけ？

ニホンウナギ　まだ無理だね。今それをやったら、ウナギの値段は天文学的数字になるだろうね。

ドジョウ　ヌルヌルした話ですねえ。

ニホンウナギ　まったくヌルヌル。

――それが密漁だとかっていうのはどういうこと？

ニホンウナギ　それはデータを見ればすぐわかるよ。一応、許可を得た人間が獲るシラスウナギの量ってのがあるわけじゃん。

ニホンウナギ　うん。

——　ところが、実際にさっき言った、養殖するための池に入れられるウナギの量っていうのは、なぜかそれよりはるかに多いわけ。

ニホンウナギ　その差し引きの量っていうのが……

ドジョウ　黒い世界だねえ。

ニホンウナギ　ヌルヌルしてますねえ。

——　その他にも、海外から輸入されたウナギの流通やなんかにもその、非常にヌルヌルしたところが多くてね、まあ、実際にお店でウナギを買って食べてる人間は知らないだろうけど、お金を儲けてるのはどこの誰なのかというのは、おっかない話になってくるよお。

ニホンウナギ　なんで、そんなヌルヌル……あやういことまでして、人間はウナギを乱獲したり流通させたりするわけ？

ドジョウ　それはもう、食べる奴がいるから。買う奴がいるから。マーケットがあるから。人間って、自分がお金が儲かれば最終的に生態系が滅んで人類が滅んでもいいと思ってますからね。

ニホンウナギ　どんどん減っていくのを乱獲に次ぐ乱獲でますます減っていくというわかりやすい構図だね。

ドジョウ　人間は「食文化」とか言ってるけど、まあだいたいは文化とか関係なくて、ただお金が欲しいだけですよ。「土用の丑の日」だっけ？　街中に安いウナギが並んで、次の日には売れずに廃棄されたウナギがあふれるからね。それで文化だってんだから。

ニホンウナギ　まったくヌルヌルした世の中だよ！

ドジョウさんの場合はどうなの？

ドジョウ　ドジョウは、人間のスキルでも完全養殖が可能なんですよ。親に卵産ませて、大きく育てて、また卵をとってぐるぐる回せるんです。

それじゃ問題ないみたいだけど……

ドジョウ　ところが、そうすると食用目的で中国大陸産などのドジョウが積極的に輸入され……

ニホンウナギ　出た！　外来種問題だ！

ドジョウ　それが野外に逃げ出したり放流されたりして在来のドジョウと交雑し……

ニホンウナギ　絵に描いたような典型的なパターンだね。

ドジョウ　在来のドジョウは、もともと減っていたところが遺伝子汚染や種間競争によっていっそうスッテンテンになると。まあそういうことですよね。

――　結局、人間に食べられる魚って、養殖ができてもできなくても強引に減少に追いやられる運命にあるのね……

ドジョウ　ま、そういうことです。

ニホンウナギ　ヌルヌルしてるでしょ？

ドジョウ　けれども、人間のすることには、乱獲や外来種問題以前に、もっと根本的な問題があるんですよ。

――　それは何ですか？

ドジョウ　「生息環境の破壊」です。在来のドジョウがどこにでもたくさんいれば、外国のドジョウを輸入しなくても良かったでしょう。なぜ減ったたか。農薬の問題や、田んぼの構造の変化で、ドジョウが住めない水環境が増えたからですよ。

――　そのお話、他のところでも聞いた……

ニホンウナギ　ウナギだってそうだよ。田んぼと水路、水路と川がそれぞれ分断されてしまって行き来できない。川そのものも護岸されたり段差ができて、隠れる場所もないし遡上することもできない。住む場所がなくなっていってるんだから、仮に今、シラスウナギの乱獲をやめて外来ドジョウを根絶しても、ウナギも

ドジョウ　ドジョウも増えっこない。我々が住める環境さえ整えてくれれば、少しくらい獲り過ぎても大丈夫になるんですけどねえ。

ニホンウナギ　熊本では、ダムを撤去したらウナギが増えたっていう事例もあるからね。

ドジョウ　でも実際には、とりあえずいきものはいなくなってもいま儲けたい、の繰り返しだから、対策はなかなか望み薄ですよねえ。

ニホンウナギ　ドジョウさんさ、もしニホンウナギとドジョウが滅んだら、人間も少しは学習するかな？

ドジョウ　しない方に賭けますね。ニホンウナギが滅んだら、他のウナギが滅びるまで獲るでしょう。国産のドジョウが滅んだら、かまわずに外国産のドジョウを撒き続けるでしょう。でも……

——　でも？

ドジョウ　それも長くは続かないかもですね。この国の人間自体がどんどん減ってるんだから。しかも高齢化して、放っておけば滅ぶから。どんな問題であれ、目先のことだけじゃない議論を、人間ができれば別ですけど

ニホンウナギ　それがなかなかできないところが、人間のすごいところなんだよ（笑）。

ドジョウ　いやあ、ヌルヌルしてますねえ。

絶滅危惧Ⅱ類（VU）

サシバ

Butastur indicus

タカ目
タカ科
全長：50cm

×

準絶滅危惧（NT）

トノサマガエル

Pelophylax nigromaculatus

無尾目
アカガエル科
全長：4～9cm

本州・四国・九州で夏の里山を代表するタカ。「ピックイー」と聴こえる鋭い鳴き声で知られる。水田と森林が複雑に入り組んだ谷津田地形を好み、主として水田に面した森林内に営巣し、両生類・爬虫類を中心に様々な小動物を捕食する。とりわけカエルの仲間をよく食べる。秋になると成鳥とその年に生まれた幼鳥は渡りを行い、南西諸島や東南アジアへ移動して越冬する。開発や耕作放棄地の増大に伴い、その生息環境は各地で悪化・消滅しつつある。

極東アジアに生息する、水田のカエルの代表格。国内では本州・四国・九州に自然分布する。生涯を通じて水辺から離れず、肉食性で他のカエルや小型のヘビまでも捕食する。繁殖期の雄は強い縄張り意識を持ち、他のカエルが侵入すると排除する。極めて普通に見られるカエルであったが、圃場整備や、水田の「中干し」により各地で激減している。かつては関東平野等に生息するトウキョウダルマガエルや西日本に生息するナゴヤダルマガエルも本種と同一種だと思われていた。

サシバ×トノサマガエル

――

トノサマガエル　おふたりは普段、食べたり食べられたりの関係だと思うんですけど……

サシバ　そう。この鳥《ひと》、あたしの元カレのこと食べたの。

トノサマガエル　だって、田んぼの真ん中で鳴いてて目立ってたから。

サシバ　あと、あたしの兄弟姉妹もかなり食べてる。

トノサマガエル　みんな美味しかったわ。

サシバ　あたしが産んだ子供たちもずいぶん食べたわよね。

トノサマガエル　おかげさまでうちの雛鳥も無事に1羽、巣立てたわ。

サシバ　あなたのとこ3羽いたでしょ。残りはどうしたの？

トノサマガエル　1羽はオオタカにやられて、食べられちゃった。

サシバ　悲しかったでしょ。わかるわ、その気持ち。

トノサマガエル　ええ。

サシバ　もう1羽は？

トノサマガエル　餌を十分にあげられなくて……おとなになるまで生きられなかったわ。

サシバ　あら、可哀そうに。

トノサマガエル　今年はカエルが少なくて。一生懸命、ヘビもトカゲも虫もとったけど、やっぱり足りなかったみたい。「ごはん、ごはん」って小さい声で言いながら死んだわ。

トノサマガエル　おなか減って死ぬなんて辛いわよね。気の毒に。もっとカエルがたくさんいれば良かったのにね。

サシバ　ううん、私たちは食べさせてもらってる身だから。虫やなんかがいて、それを食べるカエルさんがいて、それでやっと私たちが生きられるんだから。

トノサマガエル　いいのよ。あなたたち死んだら、微生物が分解したり、誰かが食べてうんこしたりして、それでまたいろんなものが育つわ。

――　おふたりは意外と仲がいいのね。

トノサマガエル　別に良くも悪くもないけど、かかわらないで生きていくわけにもいかないから。

サシバ　私たちサシバなんてもう、社会的に弱い立場だから、ただみなさんに感謝するだけでなんにも言えません。

――　人間は多分、生態系の頂点にいて、猛禽でかっこいいサシバさんとかは社会的に強い立場だと思ってるわよ。

サシバ　それはねえ、ほんと勘違いなのよ。コウノトリさん、日本で絶滅したいきものをいくつかあげてみてよ。

――　えーっと、ニホンオオカミさん、ニホンカワウソさん、あたし、コウノトリ、それからトキさん……

サシバ　ほらね。みーんな、他のいきものを食べてる上位捕食者でしょ。

ああ。

―――

サシバ　生態系のピラミッドの頂点に立たされてると、何かの拍子にピラミッドの途中のいきものが減ったりすると、たちまち食べていけなくなっちゃうのよ。すごく絶滅しやすいんだから。

トノサマガエル　可哀そうよねえ。あなたもこれからどんどん苦しい時代になるわよ。

サシバ　だって、トノサマガエルさんが絶滅危惧種になる世の中よ。

トノサマガエル　まったくね。もう、これからは田んぼに依存してるいきものはみんな絶滅危惧種になる時代が来るわ。

サシバ　もう来てるんじゃない？　田んぼの構造が変わって、田んぼそのものもどんどん減って。

―――

そういうお話、他の対談でもみんなが言ってたわ。

トノサマガエル　まあ、あたしたちの場合、ちょっと田んぼ、それも古いタイプの田んぼに適合し過ぎてたきらいがあるわよねえ。

サシバ　田んぼはいいところだもの。

トノサマガエル　水深がちょうどいいでしょ。イネがあって隠れられるし、いきものもたくさんいるでしょ。畔があって草生えてるから、上陸して休んだりもできるでしょ。

サシバ　最高よねえ。誰が考えたのかしら。

トノサマガエル　でも今は……水路、コンクリートの三面張りになっちゃったから、落ちたら上がれないでしょ。夏に「中干し」するから、オタマジャクシがひからびて死んじゃうでしょ。世知辛いわあ。

――「中干し」って、あの、夏に田んぼの水を抜くやつ。

トノサマガエル　そ。人間からすればいろいろ意味はあるんだろうけど、水の中のいきものにとっては死活問題よ。

サシバ　難しいわよねえ。昔は、そういう時にはみんな、ため池や水路に避難してたんだろうけど……

トノサマガエル　今はため池なんてあるところ自体が少ないし、水路はコンクリート。だからその場で死んじゃうの。

サシバ　そうやって、水棲昆虫やカエルさんが生きていけなくなって、数が少なくな

ると……

トノサマガエル　たちまち、あなたたちサシバの食べ物がなくなるわけね。

サシバ　厳しい世の中。

トノサマガエル　だから、あたしたちみんなが暮らせるように、例えば昔のやり方の田んぼ、周辺の森林、とかを人間がセットで保全してくれればいいんだけど。あたしたちなんてたくさん卵産むから、環境が良くなればすぐ数も回復するし。

サシバ　往々にして現実は全てがその反対になりがちだけど。人間はすぐ、お金にならないとか資金がどうとか、そういう方向になるから。

トノサマガエル　だから、そこでね、人間に人気のサシバさんたちの名前使えばいいのよ。トノサマガエルを守ろう、だとお金が動かなくても、サシバを守ろう、だったらお金が動くとか、そういうのあるでしょ。

サシバ　そう言われちゃうとなんか複雑な思いだけど、みんなに生かされてる身だから、役に立ててるんならそれでいいわ。

――　思い出したけど、コウノトリでもそうい

うのあるわね。人間がコウノトリの餌場の田んぼで無農薬でお米を作って、それをブランド化して売って保全の役に立てたりとか。

トノサマガエル　でしょ？　よく知られてて姿がかっこいいいきものの名前出した方が、人間は動かしやすいのよ。

サシバ　トノサマガエルさんってけっこういろいろ考えてるのね。

トノサマガエル　あたしだって子孫繁栄のためならいろいろ考えるわ。

――　でもね、トノサマガエルさん、人間がそういうことを全部やってくれて、この田んぼとその周りが全部保全されても、私、正直、来年ここに戻ってこられるかはわからないわよ。

サシバ　なんで？　あなたまだ若いじゃない。

トノサマガエル　だって、ここでの暮らしは、あたしにとって1年の半分でしかないもの。残りの半分は、南の国で暮らすんだもの。

サシバ　もしかして、南の国の暮らしも世知辛い？

トノサマガエル　そうね。森林伐採は毎年進むし、密猟もされるわ。

サシバ　それじゃあ、要するに、サシバさんを守るには、要するに世界中の生態系を守らなきゃいけないわけね。世界中の生態系を守って、はじめてサシバさんが守られることになるわけね。

サシバ×トノサマガエル

サシバ　ほんと、私たちなんて社会的に弱い立場なのよ。

トノサマガエル　でもなんだかわくわくしてきたわ。あたしたちって、ごくローカルないきものだって自分では思ってたけど、本当はサシバさんの存在を通じて、海の向こうの遠く離れた場所の生きものたちともつながってるのね。そうすると、あたしたちがここで元気で生きていけるようになることは、海の向こうの知らないいきものが元気で生きていけることにもつながるのね。

サシバ　あら、言われてみればそうかも。私もなんだか自分が立派な鳥になったような気がしてきたわ。

トノサマガエル　あなた立派な鳥よ！　なんたってあなたのその体は、あたしの元カレや兄弟姉妹や子供たちでできてるのよ。今度あたしに教えてよ。海の向こうの南の国にはどんな虫やどんなカエルがいて、どんな暮らしをしているのか。

サシバ　いいけど、餌不足だから、たくさん喋ったからおなか減っちゃったわ。それに、いま私も、あなたの元カレさんを食べた時のこと思い出しちゃった。ああ、美味しいカエルが食べたいなあ……

トノサマガエル　……できたら、あたしじゃなくて他のカエルにしてくれる？　あたしまだあいつと会うの嫌だ……

絶滅危惧ⅠB類（EN）

イヌワシ

Aquila chrysaetos japonica

タカ目
タカ科
全長：75 ～ 95cm

×

準絶滅危惧（NT）

ヨタカ

Caprimulgus indicus jotaka

ヨタカ目
ヨタカ科
全長：30cm

北海道・本州・四国・九州の山岳地帯に生息する猛禽。ただし四国・九州では絶滅に近い状態である。草地や伐採地などの開けた場所で狩りを行い、ノウサギなどの哺乳類や鳥類、爬虫類を捕食する。開発に加え、戦後の広葉樹林の伐採とスギ・ヒノキ植林、さらにはそうした人工林が管理されなくなったことにより、狩りができる場所が失われ、繁殖成功率が低下している。近年では生息地での風力発電も施設の建設も脅威となっている。

【写真提供：中込　哲氏】

北海道・本州・四国・九州に夏鳥として飛来、東南アジアやインド等で越冬する。森林や草原に生息し、夜行性で、「キョキョキョキョキョキョ」と聴こえる大きな声で鳴く。飛ぶ姿はタカの仲間に似ているが、類縁関係はない。かつては全国的に里山で普通に見られる鳥であったが、1980 年代以降、森林の荒廃や草地の消滅などに伴い各地で激減しており、各都道府県のレッドリスト等にも数多く掲載されるようになった。その詳しい生態や生息状況には不明な点が多い。

【写真提供：中込　哲氏】

イヌワシ × ヨタカ

イヌワシ　いつも言われてるでしょうけど、ヨタカさんって実に美しい鳥ですよねえ。
ヨタカ　いやあ、それほどでも。
イヌワシ　そのまだらの羽根。裂けた大きな口。渋い表情。まさしく鳥類の誇りですよ。
――　ねえ、コウノトリさん……あれ、コウノトリさん？
――　ごめん、ついヨタカさんに見とれちゃって……もうダメ、こんなにドキドキするのあたし初めて……ごめんなさい、あたしなんかがじろじろ見たら迷惑ですよね……
ヨタカ　好きなだけ見ていいんですよ。
――　きゃーっ！　そんな！　声も素敵……
イヌワシ　もうね、ヨタカさんは僕らとは格が違うんですよ。僕らなど昼しか飛べないでしょう。ところが、ヨタカさんは夜の闇の中をどこまでも飛ぶ。それに、ヨタカさんのそのちいさな爪や嘴。僕のこの、醜い大きな爪や嘴と比べて、なんと上品なことでしょう。ねえコウノトリさん？
――　どうしよう、さっきからドキドキが止まらない……
ヨタカ　大丈夫？　お水でも飲む？
――　きゃーっ！！！　やさしい！！！
イヌワシ　僕らとは格が違うんですよ。

ヨタカ　大したことありません。みんな同じ鳥じゃないですか。
イヌワシ　うう……ヨタカさんに、同じ鳥だと言ってもらえると、自信がつきますね。
ヨタカ　短気は起こさないでもう一度生きてみようと思えますね。
イヌワシ　イヌワシさん、何か辛いことがおありですか？
ヨタカさん、根本的に、生きることって辛いことです。世の中なんて、もう絶望しかないじゃないですか。
ヨタカ　確かに。
イヌワシ　良くなることなんてひとつもないです。ただただ住みづらくなる一方ですよ。山はスギやヒノキばかりになっていきものはいなくなる、しかも気がつけば、人間はそのスギやヒノキを植えるだけ植えておいて誰も伐採しなくなったから、空をいくら飛んでも獲物がどこにいるのかも見えないし、木が伐られないと開けたところがないから満足に狩りもできない。やっと巣をつくっても、ダム工事にスキー場工事にとさんざん苦しめられ、時にはアマチュア写真家がドローンまで飛ばしてきて女房は気が立って、おまけに、近頃じゃ尾根沿いに風力発電の風車まで建ち始めて、危なくてしょうがない。毎年繁殖はしてみるけど、子供は何年も巣立ってません。
ヨタカ　イヌワシさん、お気持ちわかりますよ。私も同じような状況ですから。

イヌワシ × ヨタカ

イヌワシ　ヨタカさんもですか。

ヨタカ　イヌワシさんほど深い山ではありませんが、私たちも、広葉樹林と開けた場所がセットになったような環境で暮らしているんです。だから昔は、いわゆる里山にたくさんいたんです。しかし、今はイヌワシさんも言うように、開発やら管理放棄やらでどの森もすっかり荒れてしまいました。年々、居場所がなくなっていますよ。

イヌワシ　ヨタカさんもそんな思いを……鳥の中で一番美しいヨタカさんまでもそんな思いをなさっていると思うと、たまらないものがありますよ……

ヨタカ　まずね、子供を育てる場所がないんです。イヌワシさんは、崖などに営巣するでしょう。私たちはね、反対に地面で営巣するんですよ。森林伐採の跡地だとか、まだ若い森林だとか、そういうところがいいんです。人間が山を管理しなくなると、そういう環境が消えてしまう。それに、農薬やら何やらで昆虫も減ってしまって、食べるものも少なくなりました。

イヌワシ　ああ、そうなのですね……

――そっか……そっか、あの、あたし、これまでいろんないきものの対談を聞いて、ひとつわかったことがあるんですけど。

ヨタカ　なんですか？

—— あたし、いきものが暮らす環境がなくなるのって、人間が開発したり、いろんなことして自然を変えちゃうのが原因だと思ってたの。でも、実際は……

イヌワシ それと同じくらい、人間が、自然に対して働きかけをしていたのがなくなることで、いきものが住めなくなることも多いということですね。この国の場合は。

—— 農地の耕作放棄とか、草地や森林の管理不足とか、そういうのも大きいのね。

ヨタカ それだけ、この国のいきものたちは人間の近くで、人間とともに暮らしてきたんです。でも人間は私たちの遠くに行きました。

イヌワシ 私たちはどこにも行けないんですがね。

ヨタカ 人間のライフスタイルが変わったんです。いまの人間は、やり過ぎるか、やらな過ぎるかのどちらかなんです。今年に入って、私の住みかの森が伐採されましてね。ああ、やっと森が新しくなるのかと思ったら、太陽光発電のパネルがずらりと並んでしまいました。

—— ひどい。こんなイケメンのヨタカさんが苦しい目にあっているなんて……

ヨタカ　いえいえ、苦しんでいるのはみんな同じです。イヌワシさんなど、どれほど悩まれ、苦しまれたことでしょう。

イヌワシ　ありがとうございます……しかし、ヨタカさんにこうしてお話して、心が少し楽になりました。本当に辛くて辛くてたまらなかったので。

ヨタカ　大変でしたね。頑張っていらっしゃったんですね。

イヌワシ　ある夏の夜ですね、どうにも眠れなくて、もう星になってしまいたくなって、わし座を見上げて……どうかあなたのところへ連れて行ってくださいとお願いしてみたんです。でも、わし座は僕に、おまえは昼の鳥だから太陽にお願いしろと言いまして。

イヌワシ　イヌワシさん、そこまで思い詰めてたの？
それで翌朝、太陽に向かって飛んだんです。「お願いです、連れて行ってください、灼けて死んでもかまいません」と。

ヨタカ　ずいぶんお辛かったですね。

イヌワシ　しかし相手にもされませんでした。おまえのようなのがここまで飛んでくるなんて夢物語だ、頭を冷やせと……

ヨタカ　イヌワシさん、わかりますよ、その気持ち。

イヌワシ　僕はもう、いっそ風力発電の風車に飛び込んで死んでしまいたいと。けれどもこの対談の予定が入っていたので、せめてヨタカさんとお話してからにしようと。

ヨタカ　私も、太陽光のパネルに頭をぶつけて死んでしまいたいと思うことがありますよ。どうしても耐えられなくなったら、そのときは一緒にやっちゃいましょう。

イヌワシ　是非！　ヨタカさんと一緒なんて名誉に思います。

――ふたりともそういうことばっかり言わないで。あたし、ヨタカさんのいない世の中なんて嫌……

イヌワシ　僕は？

――あ、もちろんイヌワシさんも。

イヌワシ　……ありがと。

ヨタカ　まあさっきのは半分ほど冗談としても、私たちの話から、何かを感じてもらえればと思いますよ。

イヌワシ　半分は本気ですけどね。役に立てたなら僕も嬉しいかな。

――あたし、すごく勉強になった気がする。だけどとっても難しい問題なのね。

ヨタカ　難しいですよね。これは、現状を知ったからすぐ答えが出せるということではないですからね。

イヌワシ × ヨタカ

イヌワシ　人間と私たちの問題は、要するにこの国の問題そのものですから。
ヨタカ　だからここから、コウノトリさんがいろいろご自分で考えてくれればいいなと思いますよ。
――　あたし頑張る！　ヨタカさんありがとう！
ヨタカ　イヌワシさんにもお礼を言ってください。
――　イヌワシさんもありがとうね。
イヌワシ　どういたしまして。
――　あと、ヨタカさん、最後にひとつお願いがあるんだけど……聞いてくれるかな……だめですよね。だめならいいです、ごめんなさい、許して……
ヨタカ　なんです？
――　あの、耳元で、好きだって言ってくれないかなあって……ごめんなさいごめんなさい、忘れてください！
ヨタカ　いいですよ、それくらい。……好きだよ。
――　きゃーっ！！　もう灼け死んでもいい！
イヌワシ　ヨタカさんはやさしいなあ。美しくて性格も良くて、本当に完璧な鳥ですよね。
ヨタカ　いやあ、それほどでも。
――　きゃーっ！！　きゃーっ！！！

スズメ × アキアカネ

スズメ

Passer montanus

スズメ目
スズメ科
全長：14cm

アキアカネ

Sympetrum frequens

トンボ目
トンボ科
体長：32 ～ 46㎜

日本を含むユーラシアに広く分布する。日本には有史以前に稲作とともにやってきたものと考えられている。雑食性で、種子や昆虫など様々なものを食べる。都市部、郊外を問わず日本全国に普通に生息しており、とりわけ農耕地の周辺には多い。古来から人里の小鳥の代表格とされてきたが、実際には近年、各地でその数を減らしているというデータが現れている。

日本固有種。代表的な「赤トンボ」。平地から丘陵地の水田や湿地で幼虫が発生、成虫に羽化してしばらく経つと山地に移動して夏を過ごし、涼しくなってから平地に下りてくるという生活史を持つ。1990年代以降、全国的に著しく減少しており、その最たる原因には、ミツバチの減少などとも絡めて論ぜられている浸透性農薬、具体的には稲の苗箱処理剤の影響が大きいと考えられている。

スズメ × アキアカネ

―― このシリーズって、一応、環境省のレッドリストに載ってるいきものの中から対談をお願いしてるんだけど、世の中には、レッドリストとかには載ってないけど、昔に比べてすごく減ってるいきものっていうのもいるわよね。そこで、その代表としてスズメさんとアキアカネさんに来てもらったわけだけど。

スズメ はいはい。

―― スズメさんとかアキアカネさんって、もうどこにでもいるような感じのいきものじゃないですか。それが減っているということについて……

アキアカネ なんか雑ですね。

スズメ まず、僕たち、「どこにでも」いるわけじゃないですよ。世界的に見たら、ユーラシア大陸にしか自然分布してなくて。

―― 十分広いじゃない。

スズメ あと、日本にはもともといなかったです。

―― そうなの⁉

スズメ すごい古い時代に、稲作と一緒に先祖が来たらしいです。

―― じゃあじゃあ、もともと史前帰化生物なのね。

スズメ そうです。モンシロチョウさんやハツカネズミさんと同じです。

――
アキアカネ　アキアカネさんは？
スズメ　私は極東地域にしかいないです。スズメさんと違って日本には昔からいましたけど。
アキアカネ　だから、我々ふたりとも、世界中どこにでもいるってわけじゃないんですよ。たまたま日本で発展してポピュラーになったということであって。
――　そのポピュラーになった鍵というのが……
スズメ　稲作です。アキアカネさん、これに関しては、日本の国土の構成から話さないといけないよね。
アキアカネ　そうですね。コウノトリさんは、空の高いところを飛ぶから、見てわかるでしょう。日本中の土地の中で、一番多いのはどんな土地だと思いますか？
――　えーと、森林？
アキアカネ　当たりです。
スズメ　いまの人間は多分、「一番多いのは住宅地」とか思ってるよ（笑）。
アキアカネ　日本中の土地のうちの、3分の2は森林なんですよ。人間が住めるような平地って実はごく少なくて、だいたいの人間はその中だけで暮らしてるんです。
――　確かに。空から見ると、それわかる。
アキアカネ　で、その残りの平地の中の、およそ半分弱が農耕地。その農耕地の約半分が

スズメ　田んぼです。

アキアカネ　前はもっともっと多かったけどね。田んぼっていうものができる前は、たぶん、私たちの先祖は、湿地みたいなところで細々と発生してたんですよ。

スズメ　トンボはヤゴの時代を水の中で過ごすからね。

アキアカネ　湿地なんて、その時々で干上がったり洪水にあったりしますから、めちゃめちゃ不安定ですよね。そこに、稲作が来て、人間がいつも水を安定的に管理してくれてる田んぼというものができたので、私たちの先祖はうんと増えたんです。

スズメ　その間にこっちは、田んぼで発生する虫や、こぼれ落ちたイネやなんかを食べて、田んぼを作ってる人間の家に巣をかけて増えてきたんだよ。

アキアカネ　だから、何かの歴史の分かれ目があって、日本に稲作が来なかったら……

スズメ　スズメは日本にいない鳥で、アキアカネは細々と湿地で暮らす希少種だっただろうね。

アキアカネ　いまの人間って、下手したら田んぼを見て「綺麗な自然ですね」なんて言うでしょ？

スズメ　言う言う（笑）。

アキアカネ　田んぼを作ってるのが、同じ人間だっていうことすらわからない。そういうふうになっちゃってるんですよ。

――　人間も分断っていうか、2種類に分かれつつあるのかな。田んぼとかと接点がある人間と、ない人間。

スズメ　毎日、田んぼやなんかの近くにいればわかるよね。僕たちが減ってるってこと。アキアカネさんなんかものすごい減少率でしょ？

アキアカネ　私たちの減り方は、もう引き算じゃなくて割り算ですよ。

スズメ　農薬？

アキアカネ　農薬ですね。90年代から使われ出した、フィプロニルだとか、あるいはネオニコチノイド系の、稲の箱処理剤の影響で。昔の時代の、ゲンゴロウさんやタガメさんを激減させたような農薬に比べて、ずっと環境にやさしい農薬ということで登場したものですけどね、実際には成分が水に溶け出して、水棲昆虫を殺しちゃうんです。中でも被害を受けているのが私たちのヤゴですね。人間の子供が、「夕焼け小焼けの赤とんぼ」なんて歌うでしょう。歌って

スズメ × アキアカネ

る子供のほとんどは、もう私たちが飛んでるとこなんて見たことないと思いますよ。何しろ、この20数年の間に、私たち、地域によっては100分の1とか1000分の1以下に減ってるんですから。

スズメ　そうやって田んぼの虫が減ると、僕たちも食べるものが減るよね。アキアカネさんほどじゃないけど、スズメの総数もこの数十年で半分以下になったと思うよ。

――　虫が減ったから？

スズメ　それもあるけど、それだけじゃない。一口じゃ言えないですよ。そもそもが減反やら耕作放棄やらで、餌をとる場所自体が減っちゃったのが大きいし。それに最近の人間の家は隙間がないから巣をかけにくいしね。まあ、さっき赤とんぼさんが言ってた歌のとか、ああいうのは、僕たちが栄えてた時代の名残りだよね。

アキアカネ　私たちの場合は、たくさん卵を産むから、稲の箱処理剤を見直してくれればまた増えられると思うんですけど。

スズメ　そうかな？　一時的には増えても、このままだと日本の田んぼなくなっちゃうから、また減っちゃ

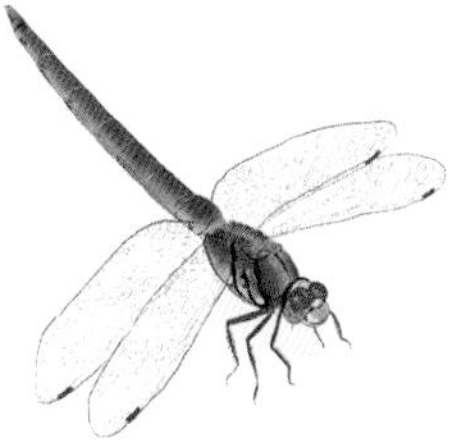

うよ。

アキアカネ　いや、それは実は同じ問題なんですよ。私は勉強したんですから。例えば、ヨーロッパ諸国だとか外国では、フィプロニルにしろネオニコチノイド系農薬にしろ、規制の方向に進んでると聞いています。日本はまだまだそうなっていません。私も話を戻しますけど、その原因は、人間が分断されつつあることなんじゃないかと。都市部の外で起こっていることに関心がある人間と、ない人間。もっとたくさんの人間が都市部の外で起こっていることに関心を向けるようになれば、農薬に関する議論も進むだろうし、農業そのものが衰退していることと自分たちの暮らしを関連づけて考えるようになると思うんです。このままだと、私たちはいつの間にか絶滅するし、スズメさんも、気がつくと消えているなんてことになりますよ。

スズメ　おいおい、減ったとはいえ、スズメはまだ君たちみたいに絶滅しそうになったりはしてないぜ。

アキアカネ　その考えが甘いんです。人間は前科をいっぱい持ってるんですよ。アメリカにいたリョコウバトなんてね、19世紀の半ばまで50億羽とか60億羽もいたっていうんですよ。それが、1900年には野生のハトはたったの1羽になって、1914年に絶滅したんです。いま、まあまあたくさんいてもこ

スズメ × アキアカネ

の先どうなるかなんて誰にもわかりませんよ。

スズメ　あんた、なんてことを言うの！　僕もうすうす内心怖がってることを言うとは。

アキアカネ　人間とともにこの国で栄えて、人間の変化とともに消えていく。それがこの国の多くの希少ないきものの姿じゃないですかね。

スズメ　悲しいかな、こっちは人間にあわせて変わろうと思っても限りがあるからね。

アキアカネ　スズメさんは頑張ってる方ですよ。

スズメ　都市に進出したりもしてるけどね。都市はカラスも多いし、なかなかつらいものがあるよ。

アキアカネ　私たちが栄えて、それから消えつつあることがどういうことか？　それが自分たちとどういう関係があるのか？　人間には、それを考えて欲しいです。

スズメ　うまくいくかなあ。この国の人間たちも、近頃じゃ余裕がなさそうだからね。自分の生活で手いっぱいになると、他のことを考える暇がなくなるんだよ。

アキアカネ　それでも考えてみなくちゃいけないですよ。もしかしたら、この国の人間の生活に余裕がなくなってること、私たちが消えていくことは大いに関係あるかもしれないですよ。いきものは、自分たちだけで生きてるんじゃないんです。自分たちの暮らしの外で起こってることも、みんな自分たちとつながっているんです。

絶滅危惧ⅠB類（EN）

カワラハンミョウ

Cicindela laetescripta

コウチュウ目
ハンミョウ科
全長：14 〜 17㎜

×

準絶滅危惧（NT）

オオルリハムシ

Chrysolina virgata

コウチュウ目
ハムシ科
体長：11 〜 15㎜

大きな川の河川敷や海岸の砂地に生息する、大型のハンミョウ。砂地を歩き回り、小動物を捕食する。体色の黒と白の割合は、地方によって変異が大きい。河川改修や護岸工事により、とりわけ河川の個体群は各地で消滅しており、海岸でしか見られない種となりつつあるが、そちらでも分布は限定的なものとなっており、環境改変や採集圧により減少している。

日本在来のハムシとしては最大。美しい金属光沢をもつ美麗種で、太平洋型と日本海型の二つのタイプがあり、さらに地域により青色、緑色、赤褐色など様々な変異があり、別種のように見える。平地から低山地の湿地帯や水辺近くの草むらに生息し、シソ科のシロネ、クルマバナ、エゴマなどを食草とする。湿地環境の消失に伴い、各地で希少種となっている。

――　オオルリハムシさんって、赤地に緑のメタリックでしたっけ？　前に他のところで見た時は青のメタリックだったと思うけど。

オオルリハムシ　ああ、それは、地域差によるものでございますよ。私どもには、大まかにいうと日本海側にいるものと太平洋側にいるものと二つのタイプがございまして、日本海側のものは青のメタリックで、太平洋側は赤っぽい色をしているのでございます。そして、さらにその中でも地域地域で細かく色が違っております。

――　いろいろ多様性があるのね。そう言えばカワラハンミョウさんも、他のところで見た時はもっと白っぽかったような気がするけど。

カワラハンミョウ　うむ、カワラハンミョウにも地域差があるのじゃ。わしらの場合は、砂の上に住んでおるからの。鳥などに襲われた時に、住んでいる場所の砂の色に似た色彩のものが生き残るので、砂が白いところでは白いものが、砂が黒いところでは黒いものがそれぞれ生き残り、子孫をなすのじゃ。

――　それで、場所ごとに白と黒の割合が違うのね。

カワラハンミョウ　そうじゃ。オオルリハムシさんのように、色そのものがぜんぜん違うということはないがの。オオルリハムシさんは綺麗じゃの。さぞ、虫好きな人間に採集されることじゃろう。

オオルリハムシ　ぼちぼち、でございますねえ。カワラハンミョウさんも、すっかり希少になりですから、採集されやすいことでございましょう。

カワラハンミョウ　少なくなると余計に採集者が集まってくるというのもおかしな話じゃがの。

オオルリハムシ　何しろカワラハンミョウさんは、レッドリストの絶滅危惧ⅠB類でいらっしゃって。

カワラハンミョウ　もう、この上には「ⅠA類」と、「絶滅」しかないわい。わしら、名前に「河原」とついておるがの、いまとなっては、川のそばをいくら探してもほとんど見つからないことじゃろうて。「スナハマハンミョウ」とかに名前を変えた方がいいんじゃないかと思うくらいじゃ。

オオルリハムシ　その昔は河川敷などにもお住まいでしたでしょう。いまは住めないという、その理由はどういったことでございましょう?

カワラハンミョウ　うむ、それはの、河川改修や護岸工事で、河川敷の砂地がなくなってしまったからじゃ。わしらより先に、わしらの本来の生息地の方が絶滅してしまったというわけじゃ。今日び、まとまった砂地というのは海岸にしかなくなったものじゃから、細々と海岸で暮らしておるのじゃ。

――　けど、砂浜はどこにでもまだたくさんあるから、カワラハンミョウさんももっといてもいいんじゃないかと思うけど。

カワラハンミョウ　あほんだらめ。そうはいかんわい。砂浜ならどこでもいいというものではないんじゃ。例えばわしらは、越冬するのは海岸近くの林の中でしたりするから、砂だけあればいいというものではないんじゃ。

――けっこう、デリケートなのね。

カワラハンミョウ　けっこう、デリケートなんじゃ。しかも、肝心の砂浜自体も年々減退しておるぞ。これは、わしらが川に住めなくなった原因とも共通しておって、ダム建設やら河川改修やら護岸工事やらのせいで、海に流れてくる砂の量自体が減ってしまっておるのが大きいんじゃ。

オオルリハムシ　そうすると、カワラハンミョウさんは川からは追い払われなさって、かろうじて生きのびられた海岸でも苦しい思いをなさっておられるのでございますね。

カワラハンミョウ　うむ、その通りじゃよ。しかも、さっきの話に出たように採集者もやってくるし、アウトドアブームだとか言って、自動車を砂浜に乗り入れる人間まで増えた。そういう人間は、自然に親しむとかなんとか言いおるが、なーにがアウトドアじゃ。なーにが自然に親しむじゃ。ただ迷惑なだけじゃ。わしらからすれば、くそくらえじゃ。

オオルリハムシ　住む場所がなくなるというのは、まことに困ったことでございますね。

カワラハンミョウ　まったくじゃよ。オオルリハムシさんも、湿地が少なくなって困っておるんじゃろ？

オオルリハムシ　まさしくそうでございますね。湿地がないと、私どもはどうにもやりきれませんので。

――ちょっと待って。聞きたいことがあるんだけど。

オオルリハムシ　何でございましょう？

――前の対談でね、アキアカネさんとかは、湿地が田んぼになってうんと繁栄したんだって言ってたけど、オオルリハムシさんは田んぼには適応できなかったの？

カワラハンミョウ　これはまたずいぶん、初歩的なピントのずれたことを言うの。

オオルリハムシ　適応と申しましても、トンボさんのような肉食の虫と、私どものような、草むらにいる草食の虫はずいぶん違いますので。ハムシというのは、種類ごとに食べる草が決まっておりまして、オオルリハムシの場合は、シロネだとかシソ科の植物を食べているんでございます。田んぼにシソ科の植物があるかと申しますと……

カワラハンミョウ　ま、常識で考えてそうたくさんはないじゃろうの。

―― なるほど……

オオルリハムシ 田んぼというのは、それはそれで素晴らしい生態系モデルではございますが、やはり、人間が人間の食べるものを作るためにこしらえたシステムですので、もともと湿地にいたいきものもみんな適応できるかと申しますと、それは無理難題なんでございます。

―― わかりました。けど、田んぼも年々荒れ果てているくらいだから、湿地環境なんて、もっと……

オオルリハムシ それは厳しいものでございます。今のお話の裏返しのようになりますが、湿地というのは、いわば、湿地にしか住めないようないきものがたくさんいる、生物多様性の観点から価値の高い環境なんでございます。しかし、いかんせん、人間からすると利用価値がないものですから、ほったらかしにされたり潰されたりということが多いわけでございます。

―― じゃあ、仮にある湿地が潰されるとなると、そこにいるオオルリハムシさんたちは、他に住め

るところを目指して飛んでいくしかないわけね。

オオルリハムシ　それが、お恥ずかしい話ですが、実は私どもは飛べませんので。

カワラハンミョウ　えー！

オオルリハムシ　コウチュウの中でも、オサムシの一党とか、飛べない奴らはおるが、オオルリハムシさんもそうなんじゃの。

カワラハンミョウ　てくてく歩くことしかできませんので。

オオルリハムシ　移動の能力がないとなると、これはますます大変じゃの。

はい。ですから、舗装された道路など作られてしまいますと、もう向こう側に行くこともできませんので。だから、一度その場所で絶滅すると、もう戻ってくることも難しいのでございますよ。

だから、分布がぽつぽつと局所的になっちゃってるのね。

オオルリハムシ　そうなんでございます。

カワラハンミョウ　わしらみたいな、決まった環境に頼って生きるいきものの場合、分布が局所的になる、生息域が分断されるということは、これは大きな問題じゃの。

オオルリハムシ　そうなんでございます。今いる狭い範囲だけしか暮らせる場所がないとなると、たまたま食べ物が払底したとか、ちょっとした洪水だとか干ばつだとかでもうアウトでございますし……

カワラハンミョウ　それに、近くに別の個体群がなくて、行ったり来たりできないということになると、だんだん近親交配のようなことになってしまうからの。

――最近、人間が飼って守ろうとしていたオガサワラシジミさんが繁殖できなくて絶えちゃったっていうのもそれね。

カワラハンミョウ　そうじゃよ。いきものというのは、ある一定数を割り込むと、どんどん絶滅に向かって突っ走ってしまうことになるのじゃ。

オオルリハムシ　失礼ですが、その言い方はおかしゅうございます。私どもは何も、自分で突っ走っているわけではありませんので。

カワラハンミョウ　うむ、そうじゃの。これはわしが悪かった。

オオルリハムシ　私どもは毎日毎時を普通に暮らしているだけでございますが、それが難しくなってしまったということでございます。

カワラハンミョウ　そうじゃの。いやはや、困ったことじゃのう。わしらは、環境にあわせて生き方を変えるということはなかなかできないからのう。

オオルリハムシ　不器用でございますからねえ。

準絶滅危惧（NT）

オオムラサキ

Sasakia charonda

チョウ目
タテハチョウ科
開張：75 ～ 100㎜

×

準絶滅危惧（NT）

ギンイチモンジセセリ

Leptalina unicolor

チョウ目
セセリチョウ科
開張：30㎜

大型のタテハチョウ。1957 年、日本昆虫学会の総会において日本の国蝶に選定された。平地から低山地の雑木林に生息する。幼虫の食草はエノキで、成虫は夏に発生し、よくクヌギやコナラなどの樹液に集まる。雄は青紫色で美しく、雌は茶褐色だが雄よりさらに大きい。雄は縄張り意識が強く、しばしば他の昆虫や動物を攻撃する。

【写真提供：上田　隆氏】

薄い褐色の翅に、太い一文字の白い筋があるのが特徴的なセセリチョウだが、翅を閉じてとまるため、あまりセセリチョウらしく見えない。幼虫の食草はススキやチガヤなどのイネ科植物で、成虫はそのような植物が生育する草原や河川敷などで見られ、春と夏の年二回発生する。開発や、定期的な草刈りが行われなくなるなどの環境の消失・悪化に伴い各地で減少している。

――あのー、本題に入る前にすごい基本的な質問なんですけど。ギンイチモンジセセリさんって、見かけが蛾みたいだけど蝶なの？

ギンイチモンジセセリ　一応、日本では蝶の仲間ということになっておりますわ。

――一応って？　日本ではって？

ギンイチモンジセセリ　そもそも、蛾も蝶もおんなじチョウ目ですから。人間が勝手に決めた分け方に過ぎませんの。ヨーロッパなんかでは蝶と蛾を区別しない国も多うございますし、聞くところによると日本でも昔はあんまり区別していなかったということですわ。

オオムラサキ　英語だと、蝶がbutterflyで蛾がmoth、セセリチョウは別にskipperだもんね！

ギンイチモンジセセリ　あら、オオムラサキさん博識でございますわねえ。

オオムラサキ　ほら、僕って国蝶だもん。日本を代表する以上は海外のこともよく知らないとね。

ギンイチモンジセセリ　それはご立派ですけど、国蝶というのも人間が勝手に決めただけですわよねえ。

オオムラサキ　まあそうだけど。

――国蝶って、法律とかで決まってるの？

オオムラサキ　いや、日本昆虫学会の総会で決められたの。１９５７年に。

ギンイチモンジセセリ　別に拘束力とかがあるわけじゃないのよねえ。

オオムラサキ　まあ、そうだけどさ。

ギンイチモンジセセリ　他にはどんな蝶が候補に挙がっていたのでしたっけ？

オオムラサキ　ええ、アサギマダラさん、アゲハチョウさん、ギフチョウさん、それから……

ギンイチモンジセセリ　ほらご覧なさい。みんな人間から見て、派手な色に見える大きなチョウばかりでしょう。そのような物指しは、所詮はかりそめのものなのですわ。私たちはそんなものができる遥か前から、それぞれに生きてきたのですから。

オオムラサキ　うーん、まあ、そうだけどさ。でも、ギンイチモンジセセリさんだって、僕だって、わりと人間の活動と関係のあるところで暮らしていたいきものだから、人間を全然無視するってわけにもいかないんじゃないかな。

ギンイチモンジセセリ　それは大いにそうでございます。私たちが主に暮らしておりますような明い草地は、人間が定期的に草刈りをしたりしていないとクズなどが繁茂してたちまちダメになってしまうことも多々ございますから、生態的に人間の活動にかかわっているのは確かなんでございます。ただ、だからと言って人間がこしらえた分類や権威を、私たちが必要以上に意識する必要はないのではないかと私は今申しておりますの。

オオムラサキ　うーん、そうは言っても、国蝶ってなっちゃうと意識しちゃうよねえ。国蝶だもんねえ。

ギンイチモンジセセリ　虚名に浮かされてはなりませんわ。先ほど私が言ったことの裏を返せば、人間が維持していたような草地などは、近年には人間が開発して消滅させたり、手入れをしなくなって藪にしてしまったりして、どんどん私たちの住みにくい場所にしておりますの。ですから、人間のやることに身も心もゆだねてしまいますと、後の世代にとって良くないことになりますわ。

オオムラサキ　確かにそうなんだけどさ。僕たちは、幼虫はエノキの葉を食べて育って、成虫はクヌギやコナラの樹液を吸って暮らすんだよ。そういう木がある環境って、要するに、人間が薪や炭にするために林にしたようなところがドンピシャだからね。

ギンイチモンジセセリ　そういう、人間が植えた里山の林で栄えなさって、人間が林を管理しなくなって林が荒れ果てるので近年、衰退していらっしゃるのでしょ。

オオムラサキ　うーん、まあ、そうね。

ギンイチモンジセセリ　それでは結局、私と同じような流れで減少していらっしゃるのではないですか。栄えられたのが人間のためなら、減ってしまうのも人間のため。それなのに、オオムラサキさんは何かというと人間に国蝶にしてもらったことを持ち出されて。樹液を巡って他の虫と争われるときには、「おまえ国蝶様にさからうのかよー」などとおっしゃられて、お翅でバタバタ叩かれて。あれはいけませんわ。

オオムラサキ　……だって樹液は守らなきゃいけないんだもん。全部僕のものだもん。

ギンイチモンジセセリ　スズメバチさんにカナブンさんに、みんなオオムラサキさんに追い払われて。被害者の会を作るんだとみんな申しておりましたよ。

オオムラサキ　樹液は僕のものなの！　誰にも渡さないの！

ギンイチモンジセセリ　そんなに争ってばかりおられるから、お翅もすっかりボロくなられて、痛々しいわ。

オオムラサキ　ちょっとくらいボロくなったって、もとが高貴だからいいんだい。

ギンイチモンジセセリ　いきものに貴賤などございません。そういうお考えは幼稚ですわ。甘えですわ。

オオムラサキ　うるさいやい。僕だって子供のころはすごく苦労しているんだぞう。

ギンイチモンジセセリ　野生のいきものはみんな苦労をしてます！　あなただけということはありませんわ。

オオムラサキ　なんだい、さっきから理屈ばっかり言って！　ちっちゃくて胴体だけデブのく

せに！

ギンイチモンジセセリ　デブとはなんです、この胴体には筋肉が詰まっているのです！　あなたこそ体ばかり大きくて中身は……

――　まあまあ、喧嘩はやめましょうよふたりとも。私から見ればふたりともちっぽけ……

ギンイチモンジセセリ　なんですって⁉

オオムラサキ　なんだとお⁉

――　いや、もとい、同じその、チョウ目のお仲間なんですから仲良くしましょうよ。話は戻しますけど、オオムラサキさんの子供の頃のご苦労ってどんなことだったの？

オオムラサキ　そもそもね、僕が生き残れたのはたまたまなんだよ。

――　たまたまというのは？

オオムラサキ　僕は、たくさんエノキの木がある公園で生まれたんだ。さっき言ったような里山の一部をそのまま自然公園みたくして人間が残したようなと

ころだよ。僕の生まれた木が一番はしっこでね。みんな積もった落ち葉の下で越冬してたのさ。そしたら、ある日、人間が掃除を始めて、落ち葉みんな掃いて、火をつけて燃しちゃった。

ギンイチモンジセセリ　あらあ、なんてかわいそうなの。

オオムラサキ　僕の木は一番はしっこにあったから、あんまり掃かれなくて助かったんだ。他の同級生たちはみんな焼き殺されちゃった。もう大量虐殺だよ。それでいながら、あの公園、人間が「公園のオオムラサキをまもろう」なんて看板を掲げてるんだからいやんなっちゃうよ。

ギンイチモンジセセリ　ひどい……

オオムラサキ　ほんとにひどいお話じゃないの。

ギンイチモンジセセリ　一生忘れられない記憶だよ。落ち葉をそのまま積んでおいてくれればみんな守られるんだけど。

オオムラサキ　人間からしたらその程度の認識なのよ。あなた、それでも国蝶にこだわるおつもり？

ギンイチモンジセセリ　まあ……それは事ごとに考えはするけどさ。人間は、オオムラサキを守ろう、増やそうとは言うんだけど、どうもピントのずれたことをよくやるからね。よその地域のオオムラサキを持ってきて放蝶したり。あれも遺伝子汚染になるからね。

ギンイチモンジセセリ　私たちは、さんざん人間に振り回されて生きてきて、いまはどんどん減っているわけでしょう。せめて精神的には人間に依存せずに暮らしたいものだわよね。オオムラサキさん、国蝶なんてどなたかにお譲りしておしまいなさい。そしたら、もっと精神がほがらかになって、気持ちが晴れ渡るのよ。

オオムラサキ　でも、国蝶は自分でなったものじゃなくて、人間に定められたものだから……

ギンイチモンジセセリ　だから、人間が定めた国蝶はどうでもいいの。あなたの中の国蝶を捨てるの。あなたがその言葉の縛りから逃れ、自由におなりになるのよ。さあ、国蝶を捨て、広い空をお飛びなさい！

オオムラサキ　本当？　そうか、そうかもしれないね。じゃ、ギンイチモンジセセリさん、僕の代わりに国蝶やって！

ギンイチモンジセセリ　えー、あたし!?

オオムラサキ　人間の定めたものはともかく、今日から、僕たちの国蝶はギンイチモンジセセリさん！

ギンイチモンジセセリ　それは重くていやだわ！　やはりその役割はオオムラサキさんが全うすべきよ。それはあなたの役割ですわ！

オオムラサキ　ずるい、そんなのずるいよ！

絶滅危惧Ⅱ類（VU）
オオサンショウウオ
Andrias japonicus
有尾目
オオサンショウウオ科
全長：50 ～ 100cm

×

準絶滅危惧（NT）
アカハライモリ
Cynops pyrrhogaster
有尾目
イモリ科
全長：7 ～ 15cm

日本固有種。最大で 150cm にも達する大型の水生両生類。岐阜県以西の本州及び九州・四国の一部に分布する。河川の上流域に生息し、夜行性で、様々な水生生物を捕食する。河川改修等による生息環境の悪化により各地で減少しており、また一部の河川では外来種のチュウゴクオオサンショウウオとの交雑による遺伝子汚染も大きな問題となっている。種の保存法により国際希少野生動植物種に指定され、また種として国の特別天然記念物に指定されている。

日本固有種。本州・四国・九州とその周辺の島嶼に生息する。体は黒く腹部が赤い。漢字で書くと「赤腹井守」。水田、小川、水路、湿地などに生息し、肉食性で様々な小動物を捕食する。フグ毒と同じ成分の毒を持つ。開発や農薬による汚染、ウシガエルやアメリカザリガニなどの外来生物による影響といった要因で、日本各地で地域個体群が絶滅を危惧される状況となっている。

オオサンショウウオ × アカハライモリ

アカハライモリ　ありゃりゃ、こりゃまたずいぶん小さいのが来たねえ。

オオサンショウウオ　はじめまして、おじさん。

アカハライモリ　オオサンショウウオと対談っていうからさ、こっちは下手したら食われるかもわからんと思ってドキドキしてたんだよ。お主、5cmもなさそうだし、エラまでついてるでないの。

オオサンショウウオ　うん、3ヶ月前に孵化したよ。ずっと巣穴の中にいたけど、先週初めて出てきたんだ。

アカハライモリ　なんだ、かわいいじゃない、ちょろちょろしてさ。オオサンショウウオっていったら、大きいのが来ると思うじゃないの。

――それはイモリさん、固定観念でしょうよ。オオサンショウウオにだって小さい時はあるんだから。

オオサンショウウオ　おじさん、やさしくしてね。

アカハライモリ　さっきからおじさんおじさんと言うけどね、私はまだ20年ほどしか生きてないんだけれども。

――十分おじさんじゃない。

アカハライモリ　そう言うけどね、オオサンショウウオさんなんて、50年や60年は平気で生きるんだよ。だからここの彼もいつかおじさんになるんだよ。おじさんになっておじいさんになって死ぬわけだよ。まあ、そこまで生きられたら運がいいほうで、だいたいはその前に死んじゃうんだけれどもね。ひょっとすると今日のうちにでも死んじゃうかも。例えばこのコウノトリのおねえさんに食べられちゃうとか。

オオサンショウウオ　そうなのおー？

今日はそんなことしないわよ！　イモリさん、意地悪みたいなこと言ってないで、ちゃんとお話してあげてよ。同じ希少な有尾類じゃないの。

オオサンショウウオ　僕、まだ世の中のことよくわかってないからいろいろ聞きたーい。

アカハライモリ　まあ、お主はなかなかかわいらしいからいろいろ教えてあげてもいいんだけどねえ。

オオサンショウウオ　よろしくお願いしまーす。

アカハライモリ　まず第一に、自分のことを話すけどねえ、アカハライモリというのは、これは全てのいきものの中の王者と言われる存在でねえ、すごく素晴らしいんだよお。

そういうのいいから。ちゃんとホントのこと話してよ。

オオサンショウウオ　え、ウソなのお⁉

アカハライモリ　どう素晴らしいかというと、例えば再生能力が高い。これはねえ、もう手や足がちぎれても見かけ上は元通りに再生する。尻尾を切っても再生する。心臓や背骨が傷ついても再生しちゃう。

オオサンショウウオ　それもウソ？

アカハライモリ　――……それはホント。なにしろイモリの再生能力は抜群だからねえ。それに水の汚染にもわりあい強いし、泳ぐのも歩くのもうまい。コンクリートの三面張りもペタペタ上れる。それに口に入るものならなんだって食べちゃう。そういうことで、本州・四国・九州の水辺で大繁栄してきたんだよお。

オオサンショウウオ　ふうん。

アカハライモリ　昔はそこいら中の淡水環境に住んでたんだけどねえ。ところが、ため池は全国的にどんどんなくなるし、田んぼは圃場整備や農薬で餌になるいきものが少なくなる。そうこうするうちにアメリカザリガニやウシガエルみたいな外来生物がはびこって食べられちゃうというわけで、イモリの分布はどんどん局所的になっていってるんだ。

オオサンショウウオ　そうなんだね。

アカハライモリ　それに、イモリというのは季節的に移動したり、変態後のまだ若いときは陸地で暮らしたりする。だから、水辺と水辺の間、あるいは水辺と森の間に道路ができちゃったりすると、車に轢かれて死んじゃうんだなあ。切ないねえ。あ、見たことある、イモリがいっぱい死んでる道路。

アカハライモリ　そんなようなわけでね、いまではイモリはこういう対談に駆り出されるほど数が減ってしまったわけだねえ。

――

オオサンショウウオ　僕たちオオサンショウウオの場合はどうなの？

アカハライモリ　これはまた少し話が違うんだなあ。イモリと違うのはねえ、まずオオサンショウウオさんはねえ、イモリと違って、もともと分布や生息環境が限られているんだねえ。

オオサンショウウオ　僕たち、中部地方から東にはもともと住んでないって聞いたあ。

アカハライモリ　そうだよお。それに加えて、基本的にはきれいな川の、ある程度上流域で暮らしてるいきものだよねえ。

オオサンショウウオ　今いるここがそうだね！

オオサンショウウオ × アカハライモリ

アカハライモリ　さらに、イモリなんかと違うのはね、オオサンショウウオは、ある程度以上の大きさになると、もう天敵というようなものはいないわけだねえ。

――確かに、おとなのオオサンショウウオを食べるいきものなんて日本にはいなさそう。

オオサンショウウオ　僕、どのくらい大きくなるの？

アカハライモリ　そうだねえ、最大記録は６ｍくらいらしいけど、中には８ｍを越えるものもいるとか……

――ウソだよ！　ウソだからね！

オオサンショウウオ　ホントはどうなの？

アカハライモリ　コホン。まあ、普通は５０cmから１ｍくらいだろうねえ。

――６ｍって、イリエワニじゃないんだから。

アカハライモリ　とにかく、だからお主たちは、もともとそこいら中に広くたくさんいる、というわけではなくて、要するに日本列島南西部の河川の上流部の生態系の頂点！　という存在なわけですよ。

オオサンショウウオ　へええ。

アカハライモリ　生態系の頂点で天敵はいない。人間は特別天然記念物に指定して捕獲を禁じている。では、どうして減ってしまっていると思う？

オオサンショウウオ　うーん、どうして？

アカハライモリ　それはやっぱり、川そのものの環境を人間がいじってしまっていることが大きいんだねえ。例えば、この川の下流に砂防ダムや堰堤ができるとしてみようか。

オオサンショウウオ　うん。だけど、下流はあんまり関係ないよ。僕、上流が好きだから。

アカハライモリ　そこがお主の若いところだねえ。台風やら大水やらで流されたらどうする？

オオサンショウウオ　あ、そっか。

アカハライモリ　流されるだけ流されて、しかし上流には戻れないということになっちゃうんだよお。

オオサンショウウオ　わー、それ嫌だ！

アカハライモリ　川によっては、堰堤のすぐ下流にたくさんのオオサンショウウオが寄り集まって戻れないというようなところもあるとか……

オオサンショウウオ　やだ、怖い！

アカハライモリ　加えて、そういうものができると魚やなんかも上流と下流を行き来できなくなるから、餌も減っちゃうわけだねえ。人間が、オオサンショウウオを法律で保護して捕獲されないようにするというのはいいんだけれども、生息環境を改変することを禁じなかったら、減少を止めることはできないんだねえ。

アカハライモリ　そういう事例、いっぱいあるよね。人間って個体の捕獲を止めても開発や環境破壊は止めないことが多いから、結局いきものが住めなくなっちゃう。お主たちオオサンショウウオの場合で言ったら、河川の保全が大切だねえ。私たちの場合で言ったら、田んぼや水路や湿地や池沼や河川の保全……あ、淡水全部か。

オオサンショウウオ　僕、生き残れるかなあ

アカハライモリ　まあ、それは運次第だねえ。世の中、なるようになるさ。ハッハッハ。

オオサンショウウオ　イモリさん、適当なこと言ってないでちゃんと励ましてあげてよ！

アカハライモリ　じゃあ、お主のためにお祈りをしてあげようか。私のお祈りはすごくよく効くからね、お主もこれからは運の範囲で幸運に恵まれ、残せる範囲で子孫を残し、死ぬまでは生きることができる。

オオサンショウウオ　わーい、よくわかんないけどありがとう！……。

絶滅危惧Ⅱ類（VU）

キンラン

Cephalanthera falcata

ラン目
ラン科
高さ：30 ～ 70cm

×

準絶滅危惧（NT）

エビネ

Calanthe discolor

ラン目
ラン科
高さ：20 ～ 40cm

平地から山地の林の中で、春の終わりから初夏にかけて鮮やかな黄色い花を咲かせる地上生のラン。森林伐採や雑木林の管理不足による遷移の進行に加え、鑑賞目的の採掘が後を絶たないことにより各地で減少しているが、そもそも自然下におけるキンランは菌根菌との共生関係を築いており、人為的にそれを再現するのは非常に困難であるため、庭に植えても育たない。

地上生のラン。ごつごつとした根茎がエビを思わせる形状をしているため「海老根」という。４月から５月に、低山地や丘陵地の林に白と赤褐色の花を咲かせる。こちらも開発や森林伐採に加え、園芸用の採掘が減少の大きな要因である。また、園芸用に栽培されているエビネは、人為的な交配が進んでおり、本来の生育地に植え戻すことは遺伝子汚染をもたらすため、安易に行ってはならない。

キンラン × エビネ

キンラン　聞いて！ 超ムカつくー！
エビネ　どしたの？
キンラン　菌と喧嘩した！
エビネ　また？
キンラン　めっちゃひどいこと言われた！
エビネ　今回はなんて言われたの？
キンラン　ドロボー呼ばわりされた！
エビネ　キャッハッハ。
キンラン　略奪して生きてんじゃねえって言われた！
エビネ　ウフフフ……
キンラン　何笑ってんの！ あんたもムカつく！
エビネ　だって、キンランちゃん毎日、菌とバトってるじゃん。
キンラン　菌めっちゃムカつく！ 自立しろとか言うんだよ！
エビネ　してみればいいじゃん。
キンラン　無理だし！ 菌なしだと死ぬし！
――　それなのに菌と揉めてて大丈夫なの？
エビネ　あー、大丈夫大丈夫。キンランちゃんいつもこんなことやってるから。

キンラン　菌ムカつく！　いつかぶっとばす！

エビネ　野生ランの皆さんって、菌根菌との関係がすごい大事なんでしょ？

キンラン　だいたい、あたしたちランって、どの種類も菌に依存してるんだけど……

エビネ　依存とかしてないし！

――　（無視して）その中でも特にキンランちゃんは、コナラとか他の植物の根っこにくっついて共生してる菌にさらにくっついて、菌と植物が交換しあってる栄養分を自分の方に引っ張って暮らしてんの。

エビネ　あ、だから人間が掘っていって庭に植えてもダメなんだ！

――　そ。キンランちゃん掘って帰って自分ちに植えても、長くても数年で枯れるよ。だってキンランちゃん菌がいないと生きられないもん。

キンラン　菌嫌い！

エビネ　菌嫌いったって、その菌なしじゃ育たないんだからしょうがないじゃん。人間に持って帰られたら、そうやって菌の悪口も言えなくなるんだよ。

キンラン　育てられないもの持って帰るんじゃねえよ！　ク●がぁ！

エビネ　ダメだよキンランちゃん、これ本になる対談なんだから●ソなんて言っちゃあ。

キンラン　うっせえー！

キンラン × エビネ

エビネ　でも、キンランは育てられないなんて有名な話なのに、人間、しょっちゅうそれやるよね。バカじゃね？と思うんだけど。

キンラン　人間もマジムカつく！人間掘って帰って埋めたい！

エビネ　人間埋めても腐生菌は増えるかもだけど、キンランちゃんの好きな、植物に外菌根をつくる菌は育たないよー。

キンラン　好きじゃないし！あんな奴全然好きじゃないし！

エビネ　けどホント、人間ってどうしてラン掘って持って帰りたくなるんだろうね。超迷惑なんだけど。

キンラン　バカだからじゃね？マジムカつく！

――

エビネ　野生ランブームだとか、エビネブームだとか、いろいろあったんでしょ？そ。知ってる？日本の野生ランの7割以上の種類が、いま環境省のレッドリストに載ってるんだよ！

――

エビネ　つまり、ランの場合、人間がとっていっちゃうことが減少の……大きな原因なの。

キンラン　キンランもエビネも、もともと超普通種だよ！

エビネ　エビネブームもね、８０年代くらいとかマジ酷かったんだよ。とにかく掘って掘って持ってってっちゃうの。日本中のエビネが掘られてなくなったんだよ！

山から掘って、高い金で売って。でも、エビネってウイルスに感染しやすくて、感染すると葉っぱとか花に斑点ができて、人間が見て綺麗だって感じじゃなくなるのね。

――　そうすると、人間は……

エビネ　だいたいは飽きてきて、それか商売になんなくなって、栽培やめちゃう。

キンラン　超自分勝手！

エビネ　けどそれでエビネブーム終わって、私たち救われたんだよ。あのままブーム続いてたら絶滅してたよ。

キンラン　人間って、ランがあると、獲って滅ぼしたくなる習性があるんだよ！

エビネ　サイハイランもクマガイソウも、シュスランもシランもアツモリソウもミヤマウズラもギンランもササバギンランも、みーんな獲られて獲られて獲られまくったもんね。いま、ウナギとかが食べられるために獲り尽くされて云々って言ってるじゃん？　ランの場合、食べるためですらないんだよ。もともと野

キンラン × エビネ

生で生きているものを、ただ、自分の家において楽しみたいっていう欲望だったり、それを売って儲けたいっていう欲望だけのために獲られて、そのかなりの割合は無駄に捨てられたんだよ！

キンランなんか、100パー無駄にされたよ！　まわりの地面と樹木を、まとめて持って帰るくらいじゃないとダメなんだから！

エビネ　菌が大切だもんね！

キンラン　うっせえーーーー！

エビネ　でもね、ほんとはランだけじゃないんだよ。ランの場合が特に多かったっていうだけで、1960年代以降、山野草ブームとか始まったとき、人間から見て花が綺麗だと思うような植物は、みんな獲りまくられたんだよ。カタクリ、リンドウ、キキョウ、カワラナデシコ、ヤマユリ、その他いろいろ、みーんな。

植物さんは、逃げることもできないもんね。

エビネ　もちろんね、開発だとか、里山が放棄されて二次林の草刈りがされなくなったとか、そういうこともあるよ。あるけど、山野草好き、ラン好きって言ってる人間がむやみに手当たり次第に掘らなければ、大部分のランは、それと他の植物のいくつかは、こんなに減らなくてすんだはずだよ。私、わかんないの。植物の花を見て楽しみたい人間って、植物が好きなんでしょ？　なのになんでこんなひどいことするの？　好きな植物を減らして滅ぼして、それで平気なの？

キンラン　平気なんだよ！　奴らバカだから。

エビネ　私、ほんとに疑問。

キンラン　私、疑問じゃない！　バカはバカ！

エビネ　見て楽しむだけなら、生えているところに行って見ればいいじゃない。周りの環境を荒らさないように見れば、きっと楽しいし、次の年もまた見れるよ。掘って持って帰ったら、野生の株が1株減るんだよ。それをダメにしたら、あなたの好きな花がひとり死ぬんだよって。

キンラン　言ってもわかんないよ。人間ってなんにも考えないもん！

エビネ　いまどき、本読んでもネット見ても、キンランは庭では育たないとか、エビネはウイルスとの戦いだとか、そういうのすぐわかると思うんだけど。

キンラン × エビネ

キンラン　人間って、自分の知りたくない情報は無視するか、最初から知ろうとしないんだよ！　だからおんなじ失敗を何回でもやるの！　エビネは甘い！　ウチらを掘ってくような人間は、植物好きなんかじゃない！　ウチからしたらね、綺麗なものを自分ちで独り占めしたい変態か、植物で儲けたい金の亡者！　どっちにしても、ウチらが死んでも滅びても、そいつら後悔もしないし反省もしないよ！　また違うもの掘るだけだよ！

エビネ　うん。でも、きっとそんな人間たちもだんだん滅びるよ。山野草ブームとか、もう終わってるし。これからの人間は、もう野生の植物とかにどんどん興味なくなっていくと思うよ。

エビネ　人間が野生の植物に興味がなくなると、どうなるのかな？　さあね。私たちが掘られることは少なくなるだろうね。でも野山はどんどん荒れていくのかな。わかんない。人間がみんな、植物に興味持ってくれて、なおかつ野生の植物を持ち帰ったりしないようになればいいんだけど。

キンラン　無理！　ウチは諦めた！

エビネ　まあ、諦めた方が気が楽かもね。私たちは、菌と共生しながらひっそり生きていくしかないのかな。ね、キンランちゃん。

キンラン　菌嫌い！

準絶滅危惧（NT）

タコノアシ

Penthorum chinense

ユキノシタ目
タコノアシ科
高さ：30 ～ 80cm

×

準絶滅危惧（NT）

モートンイトトンボ

Mortonagrion selenion

トンボ目
イトトンボ科
体長：23 ～ 32㎜

休耕田や湿地、河川敷など湿った環境に生育する多年草。茎は直立する。夏の終わりに花を咲かせ、秋には全体が紅葉して赤くなり、なおかつ枝が放射状に広がるため、茹でた蛸の脚のように見える。元来、氾濫などの攪乱に依存する植物であるが、河川改修による氾濫の減少、耕作放棄による生息地の乾燥化等の要因により、近年、生息数、生息地ともに減少している。

小型のイトトンボ。雄は腹部後半が橙色をしている。未成熟な雌は全身が橙色だが、成熟すると若草色になる。平地から低山地の、挺水植物の多い湿地や水田で発生する。圃場整備や耕作放棄の進行、乾燥化などによる稲作農業の構造変化に伴って全国的に著しく減少している。小型で飛翔能力が低いため、一度地域絶滅すると近隣の生息地から自然に移動してきて再定着することを期待するのは難しい。

——
タコノアシ　タコノアシさんって、失礼だけどほんとに、海にいるタコの脚にそっくりね。よく言われますよ。海にいるタコさんっていうのと、いっぺん会ってみたいですね。実物を知らないんで。

——
名は体を表すって感じよね。それにひきかえ、モートンイトトンボさんの「モートン」って何？
モートンイトトンボ　人間の名前。19世紀後半から20世紀前半にかけてのスコットランドの昆虫学者だよ。

——
あなた、その人間に発見されたの？
モートンイトトンボ　発見されたって、その前からずっといたよ！
タコノアシ　うふふ。そりゃそうですよね。
モートンイトトンボ　人間だって、僕らがいることは知ってたでしょ。学術的に記載されたときが種の始まりってわけじゃないから。
タコノアシ　でも人間、あんまし見えてなかったかもしれませんよ。モーさん小さいから。日本のトンボでは一番小さい？
モートンイトトンボ　いや、一番小さいのはハッチョウトンボさん。僕は……イトトンボとしては三番目か四番目に小さいかな。

——
小さいだけじゃなくて、飛び方もちょっと独特ですよね。低い位置をふわふわ、ふわふわって。

タコノアシ　人間くらい目が悪いと、慣れないと見えないんじゃない？

モートンイトトンボ　あんまり人間に見つかり過ぎてもろくなことないけどね。

――　希少な植物、特に見た目綺麗な植物って、鑑賞目的とかで人間に盗掘されたりするのが減少の主因になるんですよね。タコノアシさんはそのへんどうなの？

タコノアシ　いや……鑑賞目的の採掘とかはそれほどでも。

――　あー、なんとなくそれはわかります。

タコノアシ　どういう意味ですか!?

モートンイトトンボ　ハッハッハ。

――　鑑賞目的で獲られるのが減少の主因ではないということだと、重要なのはやっぱり……

タコノアシ　生息環境の悪化ですね。プンプン。

――　まあ今回、ある種の湿地環境を代表してもらうということでお二方にお願いしたわけですけど。

モートンイトトンボ　僕はここのことしか知らないけどさ、聞くところによると、湿地自体が絶滅危惧環境って感じなんでしょ？

タコノアシ　私もここのことしか知らないけど、そうみたいですね。

タコノアシ　タコノアシさんはともかく、モートンイトトンボさんなんてトンボなんだから、ここだけじゃなくて近隣の湿地と行き来したりするんでしょ？

モートンイトトンボ　しないね。

タコノアシ　モーさん、そんなに飛べないから。

モートンイトトンボ　せいぜい数十mくらいしか飛べないよ。

タコノアシ　低いところをふわふわしか飛べませんもんね。

――　じゃあ、もしかして、例えばこの環境が何かの事情でダメになっちゃうと……

モートンイトトンボ　ここの個体群は終わり。

――　そのあと、また環境が整っても……

モートンイトトンボ　よそから飛んでくることもできない。

タコノアシ　モーさん、そういうとこ植物と一緒ですよね。

モートンイトトンボ　うるさいやい。

タコノアシ　私たちがいるような湿地には、移動能力のない動物って多いですよね。貝の仲間とか、モーさんみたいな小さな昆虫も。

モートンイトトンボ　湿地と湿地がうまいこと連続していればいいんだけどね。そうすれば、風の強い日によそから飛ばされて来るとかっていうこともあるだろうけど、湿地自体がどんどん減って、分断されて、ぽつんぽつんとあるだけみたいになりつつあるみたいだからね。

―― そのへん、オオルリハムシさんも言ってました。

モートンイトトンボ　ああ、あれも飛べないからね。

タコノアシ　湿地って言ってもいろんな段階があって、私とかモーさんのいるようなところは、オオルリハムシさんが好きなところに比べると、もっと水っぽいですよね。

モートンイトトンボ　あっちの方は、シロネが生えた草むらが好きだからね。

タコノアシ　こっちは、湿田だとか休耕田だとかが多いですよね。

モートンイトトンボ　湿田は圃場整備でなくなる一方だし、休耕田って、よっぽど湧水が多いところじゃないと、遷移が進むと乾燥しちゃう。

タコノアシ　そうなったらもう住めないですね。

モートンイトトンボ　あんたたちはまだいいでしょ。種子で休眠できるんだから、洪水でもあってまた環境が変われば発芽できるんだから。

タコノアシ　モーさん、ヤゴで1年くらい過ごしますもんね。

モートンイトトンボ　どうしたって水の中でヤゴをやらないと成虫になれないからね、水場が乾燥

タコノアシ　するとアウト。

モートンイトトンボ　トンボ基本ルールですね。いいよなあ、種子で休眠できるとかすごく便利そうで。

タコノアシ　とは言っても、休眠するだけして、その後で氾濫だとか環境の変化がなければ、永久に発芽できないだけですけどね。

モートンイトトンボ　もともと、氾濫原とかも好きなんでしょ？

タコノアシ　そうですね。

モートンイトトンボ　定期的に環境の撹乱があるようなところがいいのかな。

タコノアシ　河川工事やなんかが進むと、氾濫原なんてなくなっちゃいますからね。環境が固定化されちゃうと、湿地は消滅していって先細りですね。

モートンイトトンボ　日本中に、タコノアシさんの休眠種子、いっぱい埋まってるんだろうね。

タコノアシ　また発芽するチャンスがあるのは、そのうち僅かしかないでしょう。

おふたりとも、微妙なバランスの上で暮らしてるのね。

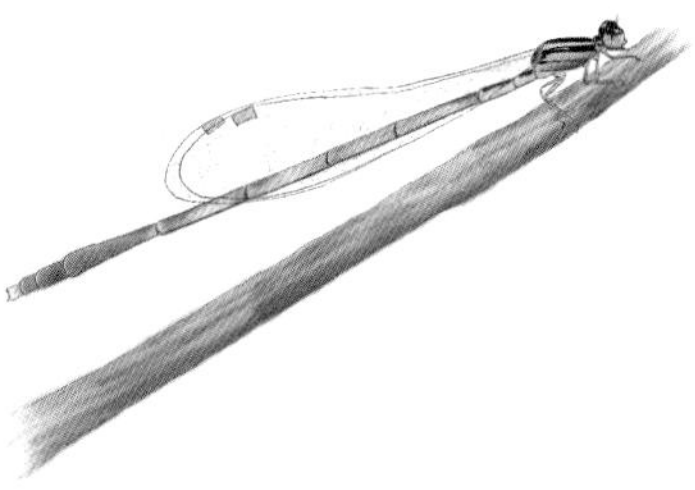

モートンイトトンボ　そ。

タコノアシ　さっきの話じゃないけど、人間がレッドリストとかそういうのを作るんだったら、いきものそのものだけじゃなくて、環境も対象にして欲しいくらい。

――　コウノトリさん、私たちって、環境省のレッドリストのランクどこらへん？

タコノアシ　えーと、おふたりとも、NT。準絶滅危惧。

――　その上のランクってどうなってたっけ？

タコノアシ　NTの上がVU、絶滅危惧Ⅱ類。その上がEN で、絶滅危惧ⅠB類。さらにその上がCR、絶滅危惧ⅠA類。

――　その上は？

タコノアシ　その上はもう絶滅しかないですね。

モートンイトトンボ　なら、私たちが住むような湿田とか休耕田の湿地環境は、NTかENくらいいってるんじゃない？

タコノアシ　氾濫原の湿地なんて、もっとレアなCRでしょ。

モートンイトトンボ　私たち、人間に振り回される一生ですね。

――　思い返せばまったくそうだったねえ。

タコノアシ　あの、ところで、ひとつ根本的な疑問があるんですけど……タコノアシさん。なんですか？

――――タコノアシさんって、赤く色づくのは秋の終わりから冬までだけじゃないですか。

タコノアシ　そうですよ。

――――モートンイトトンボさんは、成虫でいるの、初夏から梅雨くらいまでよね。

モートンイトトンボ　そうだよ。

――――おふたり、なんでこの姿で一緒にいるの？　赤いタコノアシと成虫のモートンイトトンボが話してるのなんておかしくない？

タコノアシ　モーさん、バレちゃったみたいですよ。

モートンイトトンボ　しょうがないね。そろそろ帰るね。

――――帰るってどこへ？

タコノアシ　ゴメンね、モートンイトトンボさん、去年まではこの湿地に生き残ってたんだけど。これだけ乾燥しちゃうとね。

モートンイトトンボ　さよなら。話せて楽しかったよ。

――――わー、消えた！

タコノアシ　うふふ。モーさん、私も会えて楽しかったな。もう会えないと思うと、とっても寂しかったんだ。

ニホンザル × ニホンリス

ニホンザル

Macaca fuscata

霊長目
オナガザル科
頭胴長：48 ～ 60cm

ニホンリス

Sciurus lis

齧歯目
リス科
頭胴長：16 ～ 22cm

昼行性で雑食。群れを作り森林で暮らす。本州・四国・九州と周辺の島嶼に生息する。人間を除くと世界で最も北に生息する霊長類でもある。農業被害などが取り沙汰される一方、いくつかの地域では外来種であるタイワンザル、アカゲザル等との交雑による遺伝子汚染が深刻な問題となっている。北奥羽・北上山系の個体群、金華山の個体群、房総半島の個体群は、環境省レッドリストに「LP（絶滅のおそれのある地域個体群）」として記載されている。

日本固有種。昼行性で森林で暮らす。雑食性だが、とりわけマツ類の種子に依存した食生活を送っていることが多く、全国的なマツ枯れ、開発による森林環境の破壊や分断などに伴い、各地で減少している。九州の個体群と中国地方の個体群は環境省レッドリストに「LP（絶滅のおそれのある地域個体群）」として記載されている。このうち九州の個体群は既に絶滅した可能性が高く、中国地方の個体群も絶滅寸前である。

【写真提供：大木淳一氏】

ニホンザル × リホンリス

ニホンリス　……なんだコラ。文句あんのか。
ニホンザル　……おまえこそなんだコラ。やんのかコラ。
ニホンリス　何がやんのかだよ。バカじゃねえの。てめえが勝手にこっち意識してんだろーが。
ニホンザル　は？　コウノトリさん、こいつ、やっちゃっていい？
――　あなたたちなんでそんなバチバチしてんのよ。普通に話せないの？
ニホンリス　いや、俺はいいけど、このサルが勝手に意識してるだけなんで。だいたい、てめえ、なんでここにいるんだよ。てめえなんて希少種じゃねえだろ。日本各地で増えてんじゃねえか！
ニホンザル　うるせえ！　おまえだって環境省のレッドリストに載ってねえだろ。リスなんて普通種扱いじゃねえか。
ニホンリス　バカじゃねえの。リスは全国的に激減してんだよ。中国地方の個体群と九州地方の個体群は、ＬＰランク、「絶滅のおそれのある個体群」としてレッドリストにも記載されてんだよ。中国地方では絶滅寸前、九州では多分、既に絶滅してんだよ。そんなことさえ知らねえのか。サル、脳みそねえんじゃねえの？
ニホンザル　は？　ニホンザルは、北奥羽・北上山系の個体群と金華山の個体群と房総半島の個体群がＬＰランクになってんだよ。三つの地域個体群がＬＰなんだよ。そっちは二つだけだろ。

ニホンリス　数の問題にすり替えてんじゃねえよ。頭悪いんじゃねえの？

ニホンザル　おまえ、ちょっと生意気過ぎないか？　仲間呼ぶぞコラ。

ニホンリス　そうやっていつもいつも群れてんじゃねえよ、バカ。

ニホンザル　はあ？　意味わかんねえし。おまえらなんて乱婚制だろ。繁殖期のたびに、なるたけたくさんの雌と交尾しようとしやがって。

ニホンリス　黙れバカ。そうやって他のいきものの性生活に干渉してくんのがバカの証拠なんだよ。

――　あなたたちいい加減にしてよ！　ちゃんとお話しないと本気で怒るわよ。

ニホンリス　俺は普通に話そうとしてるんですよ。このサルが勝手に意識してるだけです。こいつに言ってください。

ニホンザル　は？　おまえマジ、マツ枯れで食い物なくしてくたばれ。

ニホンリス　てめえらだってマツの種子いっぱい食ってんじゃねえか。マツ枯れが進行するとてめえらも困るんだよ。バーカ。

ニホンザル　さっきからバカバカ言ってんじゃねえよ。バカっていうおまえがバカなんだよ。俺たちは他のものもたくさん食ってるからおまえほど困らねえんだよ、このスットコドッコイ。

ニホンリス　うるせえ。だいたいてめえにマツ枯れの何がわかる？　どうせ何も知らないいん

ニホンザル × リホンリス

だろ。

ニホンザル　何がわかるだと？　俺たちは先祖代々、森林で生きてきたんだよ。線虫の仲間のマツノザイセンチュウがマツ枯れの原因だって、知らないとでも思ってんのか。

ニホンリス　だからてめえは何もわかってねえっていうんだよ。そのマツノザイセンチュウが北米由来の外来種だってことをまず説明しなきゃダメだろうが。しかも、マツノザイセンチュウを媒介してるカミキリムシ、マツノマダラカミキリのことに触れなきゃ何にもならねえだろ！

ニホンザル　へっ、偉そうに知ったかぶりしてんじゃねえよ。おまえ、マツノザイセンチュウだけじゃなくてマツノマダラカミキリも外来種だと思ってただろ。断っとくけどマツノマダラカミキリの方は日本の在来種だかんな。

ニホンリス　いつ俺がマツノマダラカミキリは外来種って言った⁉　何時何分何秒？　地球が何回まわったとき⁉

ニホンザル　そもそもおまえ、マツ枯れの進行で食い物がなくなって減ったってことばっかりにこだわってるけどな、どうしてマツ枯れがこんなに全国的に流行ったたのかよく考えろよ。どうせ考えたことねえだろ。

ニホンリス　舐めてんのか？　考えねえわけねえだろ。原油の輸入自由化とか木材の輸入自由化とかで、1960年代以降、人間がマツ林をほったらかしにするようになったのが悪いんじゃねえか。手入れされないから森は暗くなってマツに適さなくなる、マツ枯れにかかった木があってもそのままになってどんどん進行する。進行し過ぎて、20世紀末には、中国地方のマツ林なんて壊滅状態になったんだぞ。リスが住めるわけねえだろうが！ サルみてえにあちこちで適当に増えてんのと違うんだよ！

ニホンザル　だからおまえは上っ面しか見てねえっていうんだよ。ものの見方が何もかも浅いんだよ。確かに、数だけ見ればこのところサルは増えてるよ。増えた原因、てめえ考えたことあんのか？

ニホンリス　黙れ。どうせそれも、森林構造の変化なんだろ。わかってんだよ。

ニホンザル　簡単にまとめようとするんじゃねえ！ 林業が衰退して薪炭需要がなくなって、森に人が入らなくなって、てめえらはマツ枯れが進行して追い詰められただろうけど、俺らはそれでむしろ得してんだよ。それまで、奥山でひっそ

り暮らしてたのが、人里近くの草原とか農耕地とかもどんどん森に戻りつつあって生活できる面積が広がるし、人里近くに住めるようになると畑やなんかの作物も盗めるし、下刈りや枝打ちがされてない森だと、子供たちもイヌとかワシとかに狙われにくいし、おかげで大助かりだよ。ざまあみろってんだ。

ニホンリス　バカ、狩猟人口の減少にも助けられてるってのを忘れてるぜ。サルなんて雑ないきものだからな。どうせ、山で大規模な開発があっても、逃げ出してうろうろ歩き回って増殖するんだろう。リスはな、道路だとかで森林が分断されるだけで、もうそこの個体群が孤立して滅びちまうんだぞ。繊細さが違うんだよ。

ニホンザル　ふん、ひがんでんじゃねえよ。俺たちはな、いま、未曽有の危機に直面してんだよ。てめえらなんかにゃ理解できねえんだよ。

ニホンリス　なーにが未曽有の危機だよ。言ってみろこのバカ。大したことなかったらぶっとばすぞ。

ニホンザル　おまえなんかがどうやって俺をぶっとばすんだ。ふざけんな。

ニホンリス　ニホンオオカミ連れてくるぞ。

ニホンザル　そんなもんとっくに絶滅してるわ！　いいか、俺たちニホンザルはな、いま、外来種問題と直面してんだよ。

ニホンリス　外来種問題だと？　てめえらついに外国を侵略して迷惑かけ始めたのか。

ニホンザル　逆だ、このたわけが！　俺たちの親戚にはな、同じ科、同じ亜科、同じ属に、台湾のタイワンザルとか、南アジアのアカゲザルとかがいるんだよ。そいつらが、人間の飼ってた施設から逃げ出して、俺たちと交雑を始めてるんだよ。

ニホンリス　親戚同士けっこうなことじゃねえか。

ニホンザル　けっこうじゃねえよ！　おかげで、俺たちの固有の遺伝子が失われようとしてるんだよ。

ニホンリス　雑種ができたって、その雑種に固有の遺伝子は残るんじゃねえのかよ。

ニホンザル　おまえは、「遺伝子浸透」って言葉知らねえのか？　確かに最初にできた第一世代の雑種は、両者の中間の形質を持つだろうよ。でも、二代、三代、四代っていろんな交雑を続けていったら、いろんなパターンが生じて、在来の遺伝子だけをもつ奴はいなくなっちまうだろうが。それがいま、例えばＬＰに指定されてる房総半島の個体群と、アカゲザルとの間で起こってることだよ。房総半島のサルなんてな、本州の他のサルと違う、ヤクシマザルに近い

ニホンリス　独特の遺伝子を持った個体群だっていう話もあるんだぞ。それが失われちまうんだぞ！　知ってるか？　富津市の高宕山自然動物園で管理されてた群れなんてな、遺伝子を調べたら164頭のうち57頭が交雑個体だったんだぞ！　これを放置すると、ニホンザルという種そのものが揺るがされかねないんだぞ。見かけの数が減ることだけが希少になるってことだと思ってんじゃねえ、愚かもんが！

ニホンザル　ギャーギャー騒ぐんじゃねえよ。ニホンリスだって、外来種のキタリスとの交雑問題があるんだぞ。知らねえだろう。

ニホンリス　とっくに知ってらあ！　埼玉あたりでキタリスの死体が見つかったことがあるってな。心配だろう。ブルブルするだろう。

ニホンザル　俺はてめえみてえにびびらねえぞ。

ニホンリス　俺がいつびびったんだコラ。ああん!?　やんのかコラぁ！

――　あ、あの、ふたりとも、そろそろ時間だから、この対談、終わりにしましょ……

ニホンリス　マジで？　やっとこのサルと話さなくてすむようになるなら嬉しいね。こいつ大嫌いだから

ニホンザル　俺も嬉しいわ。こんなリスとは口もききたくねえからな。あばよ。

――　（とか言いながら、ふたりともめっちゃ喋ってくれたじゃない……）

絶滅危惧ⅠA類（CR）
ジュゴン
Dugong dugon
海牛目
ジュゴン科
全長：300cm

×

準絶滅危惧（NT）
トビハゼ
Periophthalmus modestus
スズキ目
ハゼ科
全長：5 ～ 10cm

現在、日本に生息する唯一の海牛目の動物。日本は分布の北限にあたる。インド洋から東部太平洋までの温暖な浅い海の沿岸で暮らし、アマモなどの海草を食べる。明治時代までは南西諸島に広く生息していたが、乱獲や海洋汚染等の要因により、現在では、沖縄島の北部沿岸や先島諸島にごく少数からなる個体群が残存するのみとなっている。国指定天然記念物。

【写真提供：PIXTA】

東京湾から沖縄までの汽水域の泥干潟に生息する。皮膚呼吸の能力が高く、陸地なしでは暮らすことができない。春から秋の活動期には泥の上を鰭を用いて這い回ったり、ジャンプして移動する。高度経済成長期以降、埋立てによる干潟の消滅や、工業排水や生活排水の流入による水質汚染等により、とりわけ都市部近辺の海岸では生息環境を失い、大きく減少した。

ジュゴン×トビハゼ

ジュゴン　あんた魚でしょ？
トビハゼ　そうだけど。
ジュゴン　なんで陸地にいるの？
トビハゼ　トビハゼは陸がないと溺れちゃうんだよ。それ言うんならジュゴンさんこそ哺乳類なのになんで水の中にいるのさ。
ジュゴン　んー、それは先祖に聞いてよ。５０００万年くらい前に水の中に戻ったんだよね。
トビハゼ　ジュゴンさんって、クジラとかの親戚？
ジュゴン　いや、違うね。クジラは、陸上のいきものだとカバとかに近いんだけど、僕たちは海牛目で、どっちかって言うとゾウの遠い親戚だよ。
トビハゼ　ふうん。結局、水の中に戻ると同じような格好になるんだね。
ジュゴン　そうかもね。あんた、鰭が足みたいになってるけど、もしかしてシーラカンスとかハイギョとかに近かったりするの？　両生類に進化する途中だったりとか？
トビハゼ　それはない。スズキ目ハゼ科だから、シーラカンスともハイギョとも全然関係ない。両生類に進化もしないと思う……
ジュゴン　なんか、しそうなのにねえ。
トビハゼ　しないよ（苦笑）。肺もないしさ。
ジュゴン　肺、ないのにどうやって陸上で呼吸してるの？

トビハゼ　皮膚呼吸の能力が高いんだよ。ジュゴンさんこそ、水の中でどう呼吸してるのさ。
ジュゴン　水の中では呼吸できないよ。でも一回水面で呼吸すれば、5分くらいなら潜ってられるけどね。
トビハゼ　ふうん。
――　あたし思うんだけど、ジュゴンさんは哺乳類なのに水に入って、トビハゼさんは魚類なのに陸に上がってるわけじゃない？
ジュゴン　うん。
トビハゼ　そう。
――　なら、将来、ジュゴンさんは鰓を取り戻して水の中で呼吸できるようになったり、トビハゼさんが肺を獲得して陸上の生物になったりする可能性ってないの？
ジュゴン　ないねえ。
トビハゼ　ちょっと考えられないかな。
ジュゴン　進化の不可逆性っていうの知ってる？
――　いや、あんまり……
ジュゴン　いきものが進化の過程で一度失ったものって、なかなか取り戻せないんだよ。だから、僕たちは、形は似ていても魚には戻れないよ。それに、僕たちの哺乳類の耳は、もともとは鰓から進化したものだからね。いまさら耳を鰓に戻すのは無理でしょ？

—— じゃ、トビハゼさんの場合は？

トビハゼ まずさ、肺のある魚って、ハイギョとかいるじゃん？

—— うん。

トビハゼ みんな勘違いしてると思うんだけど、肺があるっていうのは、進化した魚の証拠ってわけじゃないからね。どっちかって言うと、古いタイプの魚の証拠だからね。

ジュゴン あ、そうなんだ。

トビハゼ そうだよ。初期の硬骨魚類は、酸素の少ない淡水で生き抜くために肺を持ってたんだよ。それが、海に戻ったときに、肺がいらなくなって浮袋になったんだ。

ジュゴン 僕、浮袋が進化して肺になったんだと思ってたよ。

—— あたしも。

トビハゼ それ、逆だからね。まあ雑に説明すると、そのときに肺がそのまま肺で生き残った奴らがいて、それがハイギョだとかのグループだよ。そいつらの仲間の中から、両生類やなんかが進化したんだよ。

ジュゴン ふむふむ。

トビハゼ それにそもそも、ハゼの仲間は、進化の途中でその浮袋自体をなくしてしまっているので、もうどうやっても肺を手に入れるのは無理だよ。

―― いきものの進化って面白いのね。

トビハゼ 面白いでしょ。

ジュゴン そう考えると、僕たちがいま、この姿でここに生きてるっていうのはけっこう奇跡的なことなんだねえ。

トビハゼ いろんな選択があった中から、行ったり戻ったり狭いところをついたりしながら現在に至る感じだね。

ジュゴン 海牛目の仲間は、いま地球上に生きてるのはジュゴンとマナティーだけだからね。確かに狭いところをついたのかも。

トビハゼ かなり最近の時代まで、ステラーカイギュウっていうのがいたでしょ？

ジュゴン よく知ってるね。僕と同じジュゴン科だったんだよ。

―― もう絶滅したの？

ジュゴン 1741年に人間に発見されて、1768年に絶滅したよ。肉目的で獲り尽くされてね。ベーリング海の島の周りにしかいなかったんだ。もっと昔は、北太平洋に広く棲んでいて、日本からも化石が出てるくらいなんだけどね。

トビハゼ　僕たちとは違って、冷たい海に適応して、体も僕たちの3倍もあったんだよ。20何年で獲り尽くされるなんて恐ろしい話だね！

ジュゴン　僕たちジュゴンも、絶滅危惧種になったのは、人間に食べられたからだよ。19世紀の末くらいまでは、ジュゴンは奄美諸島より南の海では普通に見られる動物だったんだ。減った大きな原因は、人間に乱獲されたからだよ。ダイナマイトまで使って、たくさん獲られたんだ。

トビハゼ　おっかない話だねえ。

ジュゴン　天然記念物に指定されて、捕獲されることはなくなったけど、もう数自体が減り過ぎてるからね。それに、意図的に獲られることはなくても、漁網にかかって死ぬことも多いんだ。水質も悪くなって海草もなくなっていくし、米軍基地だとか工事も進む。いいことがひとつもないよ。このままだとそのうちステラーカイギュウのいるとこに行っちゃいそうだよ。

トビハゼ　広く住んでたのがだんだん狭くなって、人間に獲り尽くされていくっていうのは、そのス

ジュゴン　テラーカイギュウさんの話に似てるね。ひとつ違うのはね、ステラーカイギュウの場合は、もう人間に出会ってすぐに全部殺されちゃったんだけど、ジュゴンの場合は、少なくとも、明治時代以前は、少しは食べられてはいたけど、そんなに乱獲されないで人間たちと共存していたんだよ。長い年月ね。そこが大事なところじゃないかな。

トビハゼ　そういう何かが崩れる瞬間っていうのがあるんだろうね。トビハゼの場合は、高度経済成長期以降かなあ。東京湾の例で言うと、１９６０年代以降、埋立てとかで干潟の９０パーセントが消滅したんだよ。絶滅危惧種になるのも無理はないやね。多分、干潟が広がっていた頃には、トビハゼなんていくらでもいたいきものだったはずだよ。

ジュゴン　わかるよ。すみかの９割がなくなっちゃったら、どうしようもないよね。そう考えると、この国の人間の近代の歴史って、生態系に影響を与える歴史みたいなところあるわね。

トビハゼ　それは言えるね。明治になって、外来生物もどっと入ってきて、開発も進んで、戦争が何度も起きて。第二次世界大戦のあとは、外来生物の侵入の第二波があって、高度経済成長期がやってきて野山も海も開発されて、汚染やなんかの問題も起こってね。

ジュゴン　そうだね。そもそも、僕の暮らしてる南の海は、さっきも言ったように、明治の初めまでは、正確には「この国」なんかですらなかったんだよ。琉球王国があったからね。「この国」以前の僕たちの暮らしはどんなだったんだろうかと思うときがあるよ。

トビハゼ　人間って忙しいよね。あれやこれやって動き回って、いきものを死なせたり、時には人間同士で殺し合ったりする。それで幸せになれたのかな？　この国も、近代以降、めちゃめちゃたくさんのいきものや人間の命を吸い取ってきたと思うんだ。みんな、人間が幸せになるためにやったことでしょ？　それならせめて、この国の人間が栄えて、みんなが幸せに暮らしてるんなら、少しは諦めもつくよ。だけど、実際には……

ジュゴン　人間がみんな豊かに、楽しく暮らしているようには見えないよね。最近は特に。だとしたら……あたしたちはなんのために滅びたり、滅びそうになったりしてるのかな？

ジュゴン　こういうこと言うと怒られるかもしれないけど、僕、人間のことが心配になるときがあるんだよ。これからどうしていく気だろうって。

トビハゼ　ジュゴンさんは優しいね。けど、気持ちはわかるよ。本当に、これからどうするつもりなんだろうね。

絶滅危惧Ⅱ類（VU）

シャジクモ

Chara braunii

シャジクモ目
シャジクモ科
藻体の長さ：10 ～ 40cm

×

準絶滅危惧（NT）

イチョウウキゴケ

Ricciocarpos natans

ゼニゴケ目
ウキゴケ科
葉状体の長さ：10 ～ 15cm

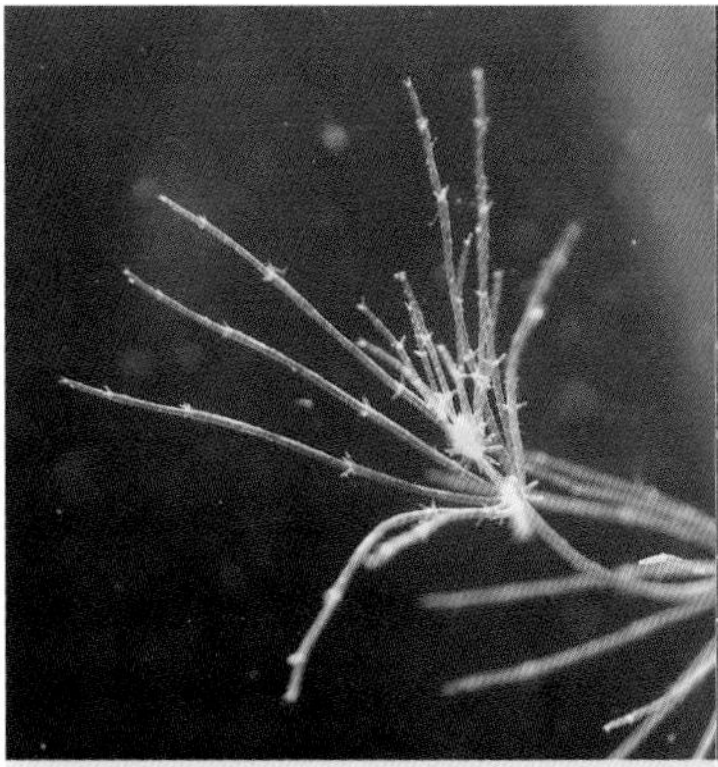

大型の藻類。水田、湿地、ため池、湖などで見られる。シャジクモ類は世界で約400 種、日本には 70 ～ 80 種ほどが存在するが、その多くが著しく減少し、絶滅の危機に瀕している。シャジクモは、シャジクモ類の中にあって比較的普通に見られる種であるが、水質汚染や農薬の影響、外来生物による食害、乾燥化等の生息環境悪化により各地で消滅しつつある。

【写真提供：森 晃氏】

ほぼ世界中に分布しているが、日本では唯一の、水面に浮遊して生活するコケ植物である。水田や池沼などの浅い止水で見られ、葉状体は扇形でイチョウの葉に似ている。水がなくなっても、ある程度の湿り気があれば陸上生活を送ることもできる。耕作放棄による遷移や水質汚染、農薬の影響等により、生育地、生育数ともに減少している。

――シャジクモさんって藻類だっていうけど、色も緑色だし茎や枝みたいのもあるし、普通の植物そっくりよね。

シャジクモ　「普通の」っていうのをどうとらえるかなんですけど、藻類って、光合成を行ういきものの中で、種子植物、シダ植物、コケ植物以外のものは全部、十把ひとからげみたいに藻類として扱われてるんで、実際にはいろいろな系統や分類のものを含んでるんですよ。その中では、私たちシャジクモの仲間は、そういう種子植物やシダ植物やコケ植物の先祖に近いところに位置してるんです。

イチョウウキゴケ　て言うより、5億年近く前、シャジクモさんの仲間から、我々、要するにコウノトリさんがおっしゃるような「普通の」植物が進化してきたわけですね。だから、シャジクモさんの仲間なくして、我々はこの世にいなかったわけですね。もっとも、コウノトリさんは、「普通の」植物って、種子植物だけを想定されてましたかね？　コケ植物はそこには入りませんかね？

――ごめんなさい、よくわかんなくて、なんとなく「普通の」って使っちゃっただけです。

シャジクモ　それじゃ、イチョウウキゴケさん、この際だからコケ植物についてもざっと説明してあげなきゃ。

イチョウウキゴケ　そうですね。我々コケ植物というのは、種子植物と違って、種子ではなくて胞子で増えます。それだけならシダ植物も同じなんですが、コケ植物には、種子植物やシダ植物にある「維管束」というのがありません。維管束ってわかりますかね？

―― ええと、植物の中を通ってる、水とか栄養とかを運ぶ管が束になったみたいな……

イチョウウキゴケ　……まあ、だいたい正解です。この維管束がないから、コケ植物はあまり大きくなれなくて、小さなものが多いわけですね。

―― 普段、おふたりには水辺で何気なく会ってるけど、あんまり素性とか気にしたことなかったわ。

シャジクモ　けっこう面白いんですよ。

―― シャジクモさんは、どんな環境がお好きなの？　深いところがいいとか浅いところがいいとか、標高の高いところが好きとか低いところが好きとか。

シャジクモ　深いところも浅いところも好きですし、標高の高いところも低いところも好きです。湿地から湖の底まで住めますし、低地から高山までOKです。

―― フレキシブルなのね。それなのに、絶滅危惧種になっちゃってるのね。

シャジクモ　シャジクモの仲間は、日本では壊滅しつつありますよ。日本には70から80種のシャジクモ類がいるんですが、そのほとんどが環境省のレッドリストに掲載されているんです。高度経済成長期以降の数十年で、シャジクモの仲間はびっくりするくらい激減しています。

イチョウウキゴケ　シャジクモさんの減少の原因は主に、どのようなところでしょうね？

シャジクモ　まずは水質汚染ですね。農薬などの影響ももちろんですが、生活排水やら除草剤やらが流れ込んで水が富栄養化すると植物プランクトンが増えて透明度が低くなって、光合成ができなくなってしまう。もちろん、水辺の開発も大きいですし、外来種の影響も無視できません。シャジクモの仲間はやわらかいので、アメリカザリガニによく食べられます。コイなどの魚も脅威です。例をあげれば、長野県の木崎湖に生育していたキザキフラスコモというのは、放流されたソウギョの食害で絶滅しました。

イチョウウキゴケ　世界でそこにしか生きていなかったものが、人間の手で放流された外来種によって絶滅するというのは、悲しいことですね。

シャジクモ　イチョウウキゴケさんも、世界中に分布していらっしゃるのに、日本ではどんどん減少して希少種となっていらっしゃいますよね。

イチョウウキゴケ　そうですねえ……やはり、除草剤の影響、それから乾田化でしょうね。湿地の乾燥化もどんどん進んでいますし。

シャジクモ　イチョウウキゴケさんは、水がなくなっても陸上生活に転じて生き残ることができると伺いました。

イチョウウキゴケ　そうですね。そういうこともできますが、土が完全に乾いてしまうとやはりいけませんね。また、シャジクモさんと同じく、コイ科の魚にも食べられますね。

シャジクモ　汚染も、稲作農業の構造の変化も、外来種の問題も、一朝一夕にはいかない。すべて人間が原因ではありますが、私たちがそれを訴えても、そもそも、ほとんどの人間は私たちのことなど知らないでしょうしね。

――　申し訳ないんですけど、あたしも、シャジクモさんのこともイチョウウキゴケさんのことも、あまりよく知らなかったのね。

シャジクモ　コウノトリさんが謝られることではないですよ。人間がみんな私たちをよく知っていたら、さっきのキザキフラスコモのようなこともなかったでしょう。

イチョウウキゴケ　イチョウウキゴケは1属1種ですけど、シャジクモさんのお仲間はたくさんいらっしゃる。きっと、人間に知られないままに滅んだ種もあったことでしょうね。

―― まさにそれを思ってて。人間に知られてないからって、人間に滅ぼされても、滅んだことにも気づいてもらえないなんて、ひど過ぎますよね。

イチョウウキゴケ　コウノトリさんにそれをおっしゃって頂くと嬉しいですね。おふたりには、いつまでも滅びないで欲しいです。

シャジクモ　ありがとうございます。でもね、人間が私たちのことをもう少し知ろうとさえしてくれたら、実は、絶望するのはまだ早いんですよ。

イチョウウキゴケ　そうなのですよね。

―― と、いうと？

シャジクモ　まず、私たちシャジクモの仲間の胞子は、環境が悪いと、水底の泥の中で休眠するんです。

イチョウウキゴケ　我々も、やはり休眠しますね。

シャジクモ　ですから、環境が改善されさえすれば、復活できる可能性があるんです。

―― そうなんですか!?

イチョウウキゴケ　ええ。現在は我々がいないように見える場所でも、土壌の泥の中にはそうした休眠胞子があるかもしれません。

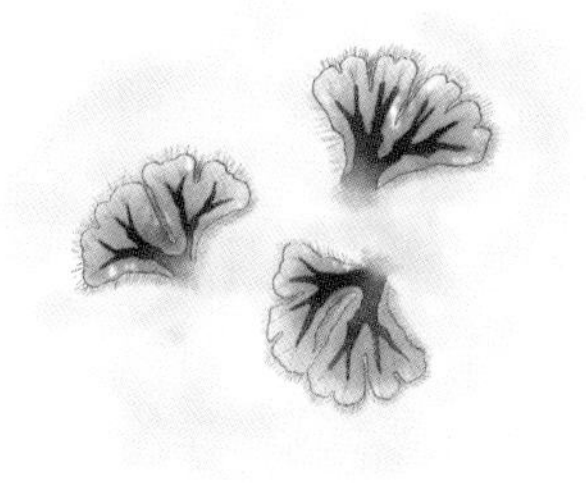

シャジクモ　実際に、事例もあるんですよ。千葉県の手賀沼で発見されたテガヌマフラスコモというのがいましてね、絶滅種とされていたんですが、千葉県の高校の生物部が、手賀沼から採取した泥の中から、このテガヌマフラスコモを発芽させることに成功したんです。こうした取り組みは、人間の間で近年、少しずつ見られるようになってきました。

イチョウウキゴケ　是非そのままずっと育て続けて欲しいですよね。いつか環境が改善されたら、再び野外に戻せる日が来ないとは限らないですし。

シャジクモ　そもそも、シャジクモの仲間は、湖や池の水質の改善に大きく寄与してきたんです。私たちは一年中、光合成して水の中に酸素を供給し続けますし、水底をカバーして、植物プランクトンの過剰な発生を抑え、水の透明度を高めてきたんです。しかし、人間による水の富栄養化はそのバランスを一気に変えてしまいました。

イチョウウキゴケ　富栄養化して濁った水に棲めるいきものは少ないですよね。

シャジクモ　それこそ、コイやアメリカザリガニは平気で棲みますがね。

イチョウウキゴケ　シャジクモさんのお仲間をきちんと復活させたり増やしたりして、湖や池の環境を整えて再導入できるようになれば、また、いきものが豊かに暮らす生態系を取り戻せるかもしれませんね。

シャジクモ × イチョウウキゴケ

シャジクモ　先は長いですがね。ほんの小さな希望、という程度です。

イチョウウキゴケ　海外では、既に湖の水質改善とシャジクモの復活がはかられ、良い結果が出ている国があると聞きました。

シャジクモ　オランダですね。

イチョウウキゴケ　夢くらいは見てもいいかもしれませんね。我々イチョウウキゴケに関しても、耕作放棄された水田を再生した際に、土壌から甦ったりすることもあります。

―――私は昔のことは知らないけど、もし、昔みたいに、シャジクモさんやイチョウウキゴケさんが健全に暮らす水辺が日本中に戻ってくるとしたら……

イチョウウキゴケ　それは、他の水辺のいきものにも必ず良い影響を与えるでしょうし、コウノトリさんの今後にも大いに関係してくると思いますよ。

シャジクモ　土壌の中に眠っている卵胞子も、その生命は無限ではありません。いずれは発芽しなくなってしまいます。

イチョウウキゴケ　夢を見られる時間にも限りがあるかもしれませんね。

シャジクモ　人間に伝わるように祈りましょう。我々を滅ぼすのも人間ですが、再生する力があるのも人間ですから。

イチョウウキゴケ　あんまり信用はできませんがね。

絶滅危惧Ⅰ類（CR＋EN）

カブトガニ

Tachypleus tridentatus

カブトガニ目
カブトガニ科
体長：40 ～ 60cm

×

絶滅危惧Ⅱ類（VU）

ニホンザリガニ

Cambaroides japonicus

十脚目
ザリガニ科
体長：4 ～ 6cm

「カニ」という名前はついているが、むしろクモやサソリに近い仲間である。古生代に先祖が出現した「生きた化石」としても知られる。干潟の海底に生息し、底生の小動物を捕食する。かつては瀬戸内海と九州北部の沿岸に広く見られたが、開発による干潟の消失や環境悪化、汚染等により各地で激減しており、その分布は極めて限られたものとなっている。

日本固有種の小型のザリガニ。北海道及び東北地方に生息し、自然分布の南限は秋田県大館市である。よく知られるアメリカザリガニに比べると、よりずんぐりした体形をしており、はさみはがっしりしている。山地の水温の低い湧水や河川上流部、湖沼に生息し、主に落ち葉を食べる。開発や汚染により生息環境の悪化に加え、北海道東部の個体群は外来のウチダザリガニとの競合が問題となっている。

カブトガニ × ニホンザリガニ

ニホンザリガニ　君がカブトガニか。
カブトガニ　そうである。君はニホンザリガニか。
ニホンザリガニ　君は大変古そうな姿をしているが、いつ頃からその姿なのか。
カブトガニ　4億年ほど前からである。
ニホンザリガニ　驚くべきことだ。君は名前にカニとついているが、カニやエビの仲間、甲殻類か。
カブトガニ　違う。鋏角類である。クモに近い仲間である。
ニホンザリガニ　カブトエビというのがいるが、親戚か。
カブトガニ　違う。カブトエビはミジンコに近い仲間で、全く別である。
ニホンザリガニ　クモに近いというわりには、脚がないようだが。
カブトガニ　脚は裏側に5対ある。
――　ねえ……なんか会話の調子が固くない……？
ニホンザリガニ　我々は分布域が日本の北と南に分かれている。お互い、ネイティブに喋ると言葉が通じない。
カブトガニ　意思の疎通にはこのように話すのがベストである。
――　……じゃあ、まあ……それがいいんならそれで続けて。
ニホンザリガニ　では続行する。

カブトガニ　了解である。

ニホンザリガニ　(なんだこれ……)

最近の景気はどうか。

カブトガニ　とても悪い。そちらはどうか。

ニホンザリガニ　良くない。

カブトガニ　ザリガニというのは繁殖力、環境適応力が強いイメージがある。

ニホンザリガニ　あるある……

それはアメリカザリガニからきたイメージであると思う。ニホンザリガニは、冷たい水でしか生息できず、交尾可能になるまで数年かかるなど、繁殖能力も高くない。

カブトガニ　そうなのか。アメリカザリガニと直接に競合することはあるのか。

ニホンザリガニ　先に述べたように、ニホンザリガニは冷たい水に生息する。従って生活圏がアメリカザリガニとは異なっており、直接出会うことはあまりない。むしろ、競合するのはウチダザリガニである。

ウチダザリガニについて、もうちょっと詳しく教えてもらえる?

ニホンザリガニ　承知した。ウチダザリガニは北米原産の外来種のザリガニである。日本には大正年間に移入された。北海道の摩周湖で養殖が始まったのが1926年である。

――　意外と古いのね。アメリカザリガニより古いくらいじゃない！

ニホンザリガニ　ニホンザリガニと同様、冷水性であるため、全国に分布を拡げるには至らなかった。しかし、同じ環境下ではニホンザリガニより強く、大きく、動きが速く、優勢である。直接ニホンザリガニを捕食する上、伝染病を媒介する恐れもある。また、ウチダザリガニは生後1～3年で繁殖できるようになるため、ニホンザリガニには勝ち目がない。北海道東部のニホンザリガニは、ウチダザリガニとの生態学的競争に敗れ、衰退している。ウチダザリガニは環境省により特定外来生物に指定されている。

カブトガニ　同情する。カブトガニにおいても、徳島県で、北米原産のアメリカカブトガニが見つかったという事件があった。人間が放逐したものであり、犯罪行為である。強い怒りを覚える。

ニホンザリガニ　そのようなものがもし拡がったら大変ではないか。

カブトガニ　大変である。しかも、アメリカカブトガニも、原産地では減少しているいきものなのである。

――　アメリカカブトガニって、いまでも日本の人間がお店で買えるの？

カブトガニ　買える。ペット店で売っている。

ニホンザリガニ　飼育しているいきものの野外への放逐は、誰も幸福にしない行為であることをより周知徹底するべきだ。

カブトガニ　その通りである。

ニホンザリガニ　ウチダザリガニが悪いのではない。彼らも日本に来たからには日本で生きなければならない。恨みはない。しかし、彼らが生きようとすることは、在来のいきものが生きにくくなることにつながっている。

カブトガニ　不幸な事実である。

――

ニホンザリガニ　希少ないきものには、様々な脅威がある。人間による開発や環境改変による脅威、それとは反対に、人間が、山林や農地などを放棄して利用しなくなったことによる環境悪化の脅威、そして人間が連れてきた外来生物による脅威もある。

――

カブトガニ　うんうん……。カブトガニの場合、ニホンザリガニ君が最初に挙げた、開発や環境改変によ

る影響が大きい。干潟は昔から、干拓されて農地にされるなど、大規模な開発にさらされてきた。カブトガニの生息地の中には天然記念物に指定されてる場所もあるが、そうでない箇所は、現在でも危機的な状況にある。カブトガニは元来、瀬戸内海と九州北部の広い範囲に生息していたが、その分布はもはや線ではなく点となり、それぞれが孤立している状態にある。

ニホンザリガニ　ニホンザリガニにおいては、そもそも河川の上流域にしか生息しないため、地域個体群同士の交流が少なく、遺伝子的に地域個体群ごとに大きな違いがある。と言うことは、ある地域個体群が消滅するということは、その個体群に固有のＤＮＡが消滅することを意味する。いつ、どのようにその地域にやってきてどのように進化してきたかという情報が、永久に失われてしまう。それがまさにいま、起こっていることだ。

カブトガニ　それは、単にニホンザリガニ君の地域個体群の情報というだけではなく、その地域の生態系の歴史の情報そのものである。

ニホンザリガニ　その通りだ。

カブトガニ　希少ないきものたちは、その存在自体が、生物学的のみならず地理学的・歴史学的な貴重な情報そのものである。しかし、人間はそのことを認識していない。もう絶滅したいきものには、こうしてお話も聞けないわね。

ニホンザリガニ　そういうことだ。

カブトガニ　死者に口なしである。

ニホンザリガニ　情報が減るということは、可能性が減るということだ。人間は、いきものを滅ぼしながら自らの首を絞めている。

カブトガニ　先ほど、希少ないきものに対する脅威の話を頂いた。付け加えるなら、地球温暖化による脅威もあると思われる。

ニホンザリガニ　その通りだ。冷水を好むニホンザリガニにとって、温暖化は、直接的にも間接的にも脅威となる。

カブトガニ　カブトガニにとっても同様である。海水温の上昇や、海面そのものの上昇による干潟面積の減少、海中の酸素濃度の低下など、様々な困難をもたらす。

近年の急激な温暖化も、人間が原因という……

ニホンザリガニ　それは人間も認めている事実だ。

カブトガニ　これまで、地球には何度も大量絶滅が起きている。カブトガニは、これまでその全てを生き延びてきた。恐竜が絶滅した、白亜紀末の大量絶滅では、全

カブトガニ × ニホンザリガニ

ての生物種の7割以上の種が絶滅したが、それでもカブトガニは滅びなかった。もし、カブトガニが滅びるとしたら、今、この時代だ。

恐竜を滅ぼした隕石にもできなかったことを、人間が、今……

ニホンザリガニ　コウノトリ君、君も既に一度、この国では滅んだだろう。この国で君が滅んだ原因は、自然か人間か。

人間……。

カブトガニ　なぜそんなことが起きているのか、人間には正面からそれを見つめ、何をすべきか取り組んでほしい。

ニホンザリガニ　歴史を直視しない者に、未来はない。いきものの歴史は、人間の歴史でもある。

カブトガニ　夏が来れば、我々はまた、大潮の夜に浜に集まり、繁殖行動をするだろう。雌雄はつながり、穴を掘り、卵を産む。

ニホンザリガニ　噂には聞いている。荘厳で神秘的な光景だと聞いている。

カブトガニ　だが、もし、次の夏が来ないとしたら。我々の子供たちが、それを経験できないとしたら。最近、よく考えるのはそのことだ。

ニホンザリガニ　その気持ちはわかる。自分も同じことを考える。自分は運に恵まれ、十分に生きた。どうかひとりでも多くの子供たちが、十分に生きたと言えるほど生きて欲しい。

絶滅危惧ⅠA類（CR）

コウノトリ

Ciconia boyciana

コウノトリ目
コウノトリ科
全長：110 ～ 150cm

×

絶滅危惧ⅠA類（CR）

トキ

Nipponia nippon

ペリカン目
トキ科
全長：70 ～ 80cm

極東地域に分布する大型の水鳥。河川、湖沼、湿地、水田などで様々な小動物を捕食し、樹上で営巣する。かつては日本全国に留鳥として生息していたが、明治時代以降、個体数は減少の一途を辿り、国内での繁殖記録は 1964 年の福井県での事例が最後であり、いったん絶滅した。1985 年には旧ソビエト連邦から譲り受けた個体からヒナが誕生した。2005 年、兵庫県豊岡市で放鳥が始まり、2007 年、43 年ぶりに国内で野生のヒナが誕生し、巣立った。現在では 200 羽を超える個体が野外に生息している。国指定特別天然記念物。

山地の湿地や水田に生息する。かつては日本、極東ロシア、中国北部、朝鮮半島に分布していたが、ロシア、朝鮮半島では絶滅し、中国でも 1981 年には 7 羽のみとなった。日本では明治時代までは全国的に普通であったが、乱獲をはじめ農薬による汚染、生息環境の悪化等により激減し、2003 年に日本産最後の個体が死亡した。その後、先行して保護・増殖に成功した中国から贈られたトキからヒナが誕生、2008 年には佐渡島で放鳥が開始された。現在では 600 羽程度が野外に生息している。国指定特別天然記念物。【写真提供：中込　哲氏】

コウノトリ×トキ

コウノトリ　あたしね、今回、いろんないきものの皆さんに会ってきたけど……
トキ　うん。
コウノトリ　あたしと同じように足環つけてる方、トキさんが初めて。
トキ　うん。ヒナの頃、人間につけられた記憶があるよ。巣に人間が上ってきてね。その時に、翼やなんかの長さを測られたりもしたな。うっすら覚えてるよ。ちょっと恥ずかしかったな。
コウノトリ　あたしも、ヒナの頃、同じように巣から降ろされて足環つけられたの。体重を計られたり、羽毛もとられたりした。
トキ　同じだね。
コウノトリ　そうだね……あたしの足環、変じゃない？　おかしくない？
トキ　大丈夫だよ。綺麗な足環だよ。
コウノトリ　ありがとう……本当はね、他のいきものにどんなふうに見られるか、ずっと気になってたんだ。誰も何も言うわけじゃないんだけど、そうすると、気を遣われてるのかなって勝手に思っちゃったり。
トキ　わかるよ、その気持ち。俺もそうだった。
コウノトリ　あたしの家系はね、ロシアから来たの。
トキ　俺は中国だよ。

コウノトリ　でもあたしは日本生まれ。
トキ　俺もだよ。日本で生まれて、日本で育ったよ。
コウノトリ　新潟？
トキ　佐渡。そっちは兵庫？
コウノトリ　豊岡。
トキ　そっか。いいところだってね。
コウノトリ　佐渡のことも聞いてるわ。
トキ　ああ。無農薬のいい田んぼがあって、いきものがたくさんいるよ。トキのためっていうことで、農薬を使わないで米を作ってくれてるんだ。
コウノトリ　豊岡でもそういうことやってるわ。
トキ　そうらしいね。
コウノトリ　あのね……これまで、大勢の希少種のいきものにお話聞いてきたけど、みんな、先祖代々日本なの。それに、みんな人間に滅ぼされようとしてる。
トキ　うん。
コウノトリ　あたしたちは、昔、親戚が日本にいたっていうことで連れて来られただけ。しかも人間に保護されてる。
トキ　うん。

コウノトリ　トキさん、結局、あたしたちってなんなんだと思う？

トキ　わからない……ただ、俺たちがトキとコウノトリなのは間違いないよね。

コウノトリ　それはそうね。

トキ　でも、この国にいたトキやコウノトリの直接の子孫じゃない。1981年には、トキは日本に6羽、中国に7羽だけになっていたんだよ。世界中でそれしかいなかったんだ。日本の6羽はその後、2003年までに全部死んだ。いま、中国、日本、韓国にいるトキは、みんなその7羽の子孫だよ。いま生きている俺たちと、もともと日本にいたトキの間に、遺伝子の差はほとんどない。個体間の違いという以上の差はないんだよ。トキには、渡りをしていた集団もあったんだ。たくさんいた時代には、きっと日本の個体群と、中国の個体群の間に交流もあったかもしれない。

コウノトリ　コウノトリも同じよ。いまでも大陸から飛来してくるコウノトリもいるもの。豊岡盆地にいたコウノトリの中だけでも、大陸のと共通の遺伝子を持っているのや、そうでないものがいたんだって。

トキ　放鳥された俺たちのことを外来種って呼ぶ奴もいるけど、それは違う。俺たちは同じ種の中の違う個体っていうだけなんだよ。でも、それでも……

コウノトリ　それでも？

トキ　それでも、失われたものはある。トキウモウダニを知ってる？

コウノトリ　ウモウダニって、あたしたちの羽につくやつ？あの、羽毛の屑とか脂とかを食べてくれる？

トキ　そうだよ。トキウモウダニは、トキの風切羽にだけつくダニなんだ。いや、トキの風切羽にだけつくダニだったんだ。

コウノトリ　だった、っていうことは……

トキ　今はもういない。日本に昔生きていたトキの羽からは、このダニが見つかってる。でも、いま、中国から来た俺たちの羽をいくら探しても、トキエンバンウモウダニっていう別のウモウダニの仲間しか出てこないよ。トキウモウダニは、２００３年に、飼育ケージの中で日本産最後のトキが死んだとき、一緒に滅びたんだよ。他のどこにも行けずにね。

コウノトリ　……。

トキ　トキウモウダニは最初、ロシアのトキから見つかって人間に記載されてるんだ。だから中国やロシアにもいたはずだけど、いま、中国から来て日本で繁殖したトキにはそれがいない。1981年に中国最後のトキが7羽だけ残ったとき、そこにはトキウモウダニがついているのはいなかったんだ。トキウモウダニは、トキが滅んでいく中で、最終的に日本のトキにだけついて生き残っていて、日本のトキと一緒に消えたんだ。

コウノトリ　じゃあもう、どこを探しても会えないのね。

トキ　そうだよ。過去の世界に行けない限り、多分二度と会えない。人間は、俺たちをまた日本に連れてきて、育てて、日本の空に放した。トキウモウダニは、もう誰にも復活させることができないんだ。いま俺たちについてるトキエンバンウモウダニも、またいつか俺たちが絶滅したらそれでアウトさ。俺たちは一緒に生きていくんだ。(風切羽のあたりを振り返って)な、そうだよな? おまえたち。

コウノトリ　いま、「うん」っていう小さな声が聴こえ

たわ。

トキ　俺、こいつらには滅んでほしくないな。気持ちのいい奴らだもの。

コウノトリ　ひとつのいきものが消えるっていうことは、他の誰かも一緒に消えるっていうことなのよね。

トキ　そうだね。

コウノトリ　もし、今回お話聞いてきたような、希少種の皆さんが滅びたら、それに関連して、他のいきものも滅びたりする、もしかしたら誰にも知られることなく滅びたりするっていうことなのね。

トキ　ひとりで生きてるいきものはいないもの。

コウノトリ　だとしたら、たくさんのいきものを滅ぼしたら、人間だって無事ではいられないわよね。

トキ　いきものがひとつ滅びるたびに、どんどん辻褄が合わなくなっていくさ。生物多様性は、全てのいきものの、ひとつひとつの命の根幹だよ。そんなこともわからないのは地球上で人間だけさ。

コウノトリ　あたしたちは、そんな人間に滅ぼされて、また生かされてるのね……

トキ　そうだね。

コウノトリ　どうしてあたしたちは生かされてるのかしら。他のいきものがいなくなって

トキ　も平気な人間が、どうしてあたしたちのことは生かすの？

コウノトリ　そうだね……よく言えば、俺たちは象徴的な存在なんだと思う。コウノトリさん、いま、人間が全体的に、どんどん幸せになっているように見えるかい？

トキ　見えないわ。

コウノトリ　人間はいろんなことを取り戻したいんだと思う。その中には、トキもコウノトリも生きていた時代っていうことも含まれてるんじゃないかな。つまりは、トキやコウノトリが生きられた時代。現在とは比べ物にならないくらいの生物多様性があった時代。

トキ　あたしたちも、その時代は知らないわ。

コウノトリ　人間はわりあい長生きだろう？　人間にとっては、せいぜいほんの数世代前のことさ。それを取り戻そうと思ったとしても不思議はないよ。人間にとっては、それは、これからどんどん発展していって幸せになっていけると思っていた時代なのかもしれないね。

トキ　そうね……けど、そうだとしても、ただ単に人間が前向きでいられた時代を取り戻したいんだとしたら、それができたとしても、また人間が経済成長をして、自然環境を破壊するだけかもしれないわ。

コウノトリ　その通りさ。もし同じことをしたらそうなるね。それに、人間が俺たちを生かすのは、悪く考えれば、別のことも言えるんだよ。
コウノトリ　あたし、あなたの考えてることがわかるわ。
トキ　わかるだろう？　俺たちは、その人間の経済とやらに貢献したり、地域や人物のイメージアップに貢献するかもしれないのさ。
コウノトリ　あたしたちを生かして、保全していることで、得られるものもあるかもしれないってわけね。
トキ　だけどね、それが本当に悪いことなのかどうかも、俺にはわからないんだ。
コウノトリ　そうね。
トキ　俺たちは、理由はどうあれ、いま、人間によって日本の空を飛び、日本の食べ物を食べている。俺たちが空を飛んで、餌を食べて、繁殖することを、人間が価値あるものだと思ってくれるなら、俺たちはそれだけで、この国のいきものに何かを与えられるかもしれないんだ。そうは思わない？
コウノトリ　あたしたちがいることが理由で田んぼが無農薬になるだけでも、救われるいきものはたくさんいるわ。
トキ　それに……それに、その無農薬の米が売れることで、人間の農家も、一年でも長く田んぼを続けてくれたら……
コウノトリ　田んぼで生きるいきものにはたくさん会ったわ。

トキ　もし願いが叶うなら、そういう光景を見て、何かを感じて、これはどうしてこうなるんだろう、これからはどうしていったらいいんだろう、と考える人間が増えてくれればいいと思うんだ。俺たちを空に飛ばずだけで満足されたんじゃ、なんにもなりはしない。俺たちが一度滅んだのはなぜか。いままた存在しているのはなぜなのか。現象だけを追うんじゃなくて、その後ろのことを想像してくれたら……俺はそう思うよ。

コウノトリ　わかるわ。

トキ　俺たちはいきものさ。ただ生きていくことしかできない。その、俺たちがただ生きていくということが、人間に何かを考えさせたり、他のいきものの命を長らえる助けになるなら、そんなに嬉しいことはないよ。コウノトリさん、だから生きていこう。俺たちにはそれしかできないんだから。

コウノトリ　……ねえ、トキさん……

トキ　なんだい？

コウノトリ　会えて良かったわ。あなたに会えて良かった。

トキ　俺もだよ。あんたに会えて嬉しいよ。ほら、トキエンバンウモウダニたちも喜んでるよ。トキウモウダニが生きてたら、きっと喜んだだろうな。

主要な参考文献

・環境省レッドリスト 2020　環境省編　2020
・外来生物のきもち　大島健夫　メイツ出版　2020
・カブトガニをみんなで守ろう－「共生」こそが人類存亡のキーワード－　広島大学大学院生物圏科学研究科附属瀬戸内圏フィールド科学教育研究センター竹原ステーション（水産実験所）／広島大学総合博物館　2016
・コウノトリ飛来時の対応パンフレット　あなたのまちにコウノトリが飛来したら、兵庫県立コウノトリの郷公園　環境省・文化庁監修　2015
・コウノトリがおしえてくれた　池田啓　フレーベル館　2007
・サカナとヤクザ　鈴木智彦　小学館　2018
・サシバの保護の進め方　環境省自然環境局野生生物課　2013
・ザリガニの博物誌　里川学入門　川井唯史　東海大学出版会　2007
・静岡県田んぼの生き物図鑑　静岡県農林技術研究所編集　静岡新聞社　2010
・しゃじくもフィールドガイド　独立行政法人国立環境研究所 生物・生態系環境研究センター　生物資源保存研究推進室　微生物系統保存施設　2011
・ジュゴンのはなし －沖縄のジュゴン－（第 2 版）沖縄県文化環境部自然保護課発行　2008
・図説　日本のゲンゴロウ　森正人／北山昭　文一総合出版　2002
・生物多様性のしくみを解く　宮下直　工作舎　2014
・世界のカメ類　著＝大谷勉／編・写真＝川添宣広　文一総合出版　2018
・淡水魚保全の挑戦　日本魚類学会自然保護委員会編／渡辺勝敏・森誠一責任編集　東海大学出版部　2016
・田んぼで出会う花・虫・鳥　久野公啓　築地書館　2007
・千葉県生物多様性ハンドブック 3　希少な生物を守ろう 第 2 版　千葉県生物多様性センター編　2017
・東京湾のトビハゼのいま　編集・発行＝公益財団法人東京園遊会　葛西臨海水族園　2017
・鳥類の良好な生息場の創出のための河川環境の整備・保全の考え方　編集・発行＝国土技術政策総合研究所／国立研究開発法人　土木研究所　2020
・トンボで守る食の安全・高知県版　公益社団法人　トンボと自然を考える会　2019
・日本魚類館　編・監修＝中坊徹次　小学館　2018
・日本産　淡水性　汽水性　エビ・カニ図鑑　文・豊田幸詞／写真・関慎太郎／監修・駒井智幸　緑書房　2019
・日本産淡水貝類図鑑①　琵琶湖・淀川産の淡水貝類改訂版　紀平肇／松田征也／内山りゅう　ピーシーズ　2009
・日本の希少な野生水生生物に関するデータブック（水産庁編）　日本水産資源保護協会　1998
・日本の水生昆虫　中島淳／林成多／石田和男／北野忠／吉富博之　文一総合出版　2020
・日本の淡水魚　編・写真＝細谷和男／写真＝内山りゅう　山と渓谷社　2015
・日本のチョウ　日本チョウ類保全協会編　誠文堂新光社　2012
・日本のトンボ　尾園暁／川島逸郎／二橋亮　文一総合出版　2012
・日本の水草　角野康郎　文一総合出版　2014
・日本の野鳥 650　写真＝真木広造／解説＝大西敏一・五百澤日丸　平凡社　2014
・日本のラン　ハンドブック①低地・低山編　遊川知久／中山博史／鷹野正次／松岡裕史／山下弘　文一総合出版　2015
・はっけん！ニホンイシガメ　写真・関慎太郎／編集・AZ Relief ／野田英樹　緑書房　2020
・ハムシ　ハンドブック　尾園暁　文一総合出版　2014
・干潟の絶滅危惧動物図鑑　日本ベントス学会編　東海大学出版会　2012
・レッドデータブック 2014　環境省編　ぎょうせい　2014

あとがき

昨年、「外来生物のきもち」を書きながらずっと、次は希少生物について書かなければならないと考えていました。

なぜ、外来生物がやってきたか。

なぜ、希少生物がいなくなってゆくのか。

それは、私たちと無関係に起こっている現象ではなく、結局のところ、私たち人間によって起こった、人間の問題でもあります。遠い国からいきものがやってきたり、昔からいるいきものが消えていくことに対して、関係のない人間はひとりもいないのです。私たち人間が、人間の幸せを追い求めて暮らしていくことそれ自体が、いきものの世界に大きな影響を与え、そしてそれは、様々な形で人間のところに返ってきます。私たちの世代が直面しているのは、これまでの世代の人間たちが生態系に与えた影響から来ている問題です。そして、私たちの世代が生態系に与えた影響のつけは、私たちの次の世代の人間たちが払うことになります。

今回、この本に登場する36種類のいきものは、いずれも、かつてはたくさんいて、けれどもこの数十年という比較的最近に激減した、あるいは激減しつつあるいきものばかりです。そのような、いきものたちの激減は、日本だけではなく、世界中で同時に進行している現象でもあります。長い地球の歴史、いきものの歴史からすると、たった数十年でこれほど多くのいきものがいなくなっていくというのは異常なことなのです。いま、私たちはまさに、私たち自身によってもたらされた、いきものの大量絶滅の季節のさなかにいるのです。

なぜそのようなことが起きているのでしょう。これから先にはどんなことが待っているのでしょう。私たちはどうすればいいのでしょうか。

それは解決の難しい、とても複雑な問題です。なぜなら、先ほど書いたように、それは私たち自身が、私たちの幸せを追い求めて暮らしていくことによって起きている問題だからです。しかし、どのような問題であれ、それに取り組む最初の一歩は、そのような問題があることを知り、それについて想像力をめぐらすことではないでしょうか。

もしもあなたにとってこの本が、その小さな助けとなるなら、とても嬉しく思います。

2021年4月　大島健夫

大島健夫（おおしま　たけお）

1974年 千葉県生。詩人。早稲田大学法学部卒業。

2016年 ポエトリー・スラム・ジャパン 2016 全国大会優勝。フランスのパリで開催されたポエトリー・スラム W 杯に日本代表として出場。準決勝進出。ベルギー、イスラエル、カナダなどの詩祭やポエトリー・スラムにも出場するかたわら、房総半島の里山を舞台にネイチャーガイドとしても活動している。

現・千葉市野鳥の会会長。

著書に「外来生物のきもち」（メイツ出版）「そろそろ君が来る時間だ 10の小さな物語＋ 1」（丘のうえ工房ムジカ）など

【cover design & Illustration】
中西佳奈枝

希少生物のきもち

2021年5月31日　第1版・第1刷発行

著　者　大島　健夫
発行者　株式会社メイツユニバーサルコンテンツ
　　　　代表者 三渡 治　　発行者 前田 信二
　　　　〒102-0093 東京都千代田区平川町 1-1-8
印　刷　三松堂株式会社

◎『メイツ出版』は当社の商標です。

ISBN978-4-7804-2476-8 C2045 Printed in Japan.

ご意見・ご感想はホームページから承っております。 http//www.mates-publishing.co.jp